手縫
男仕皮革包

HAND SEWING LEATHER BAG

三悅文化

CONTENTS

手縫　HAND SEWING LEATHER BAG
男仕皮革包

TOTE BAG

OTE BAG
托特包

製作＝レザーウルフ　**P.24**──

使用充滿野性皮紋的野牛皮革製成的托特
包。整片的床革飾以滾邊，搭配可自由調整
的揹帶。側邊的牛仔釦便以調整皮包厚度。

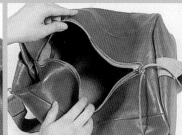

BON SACK
斜揹桶包

製作＝パーリィー　　**P.44**—

擁有超寬袋口，能大量放入物品的桶包。袋
口三摺設計，再以活動鉤扣住環釦固定。背
面附有拉鍊，緊急時可迅速拿取物品，具便
利實用性。單肩斜揹式設計，是機車族的最
佳推薦品。

BON
SACK

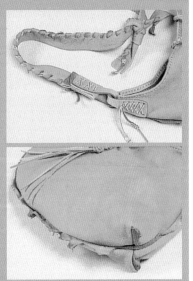

ELK
SHOULDER
BAG

ELK SHOULDER BAG
鹿皮肩揹包

製作＝グラソドゼロ　　**P.70**──

柔軟度佳，具溫和觸感的麋鹿皮。是利用不
收邊處理，強調皮革特性的特殊風格作品。
用來固定袋口的編繩，與揹帶連接部份，均
使用較厚皮革製作，具有凝聚焦點的效果。

BRIEF CASE
手提包

製作＝Dark End of The Street　**P.104**—

可作為公事包或者休閒使用的手提包款。利用植物鞣牛滋皮與鉻鞣皮的搭配，營造出高級質感與絕佳實用性。側邊皮帶可作橫式或直式固定。

BRIEF CASE

WAIST BAG

WAIST BAG
腰包

製作＝ストッチペット　**P.136**──

可以裝入皮夾、手機等隨身必需品且自在行走的腰包。反摺與滾邊設計，讓整體線條更為柔和。內裡採用豬腳皮，附屬金具則選用德製品，精緻做工充份表達出職人的堅持。

BASIC KNOWLEDGE
OF LEATHER

皮革基本知識

從事皮革創作之前,應該先對皮革相關知識進行瞭解。因為選用半裁皮革裁切時,纖維方向及其特性對作品有著極大影響,在此介紹購買時必須留意的重點,這些將成為日後皮革創作時的重要依據。

■協力=CRAFT　Tel.03-5698-5911

鞣　製

　　皮革創作工藝,是指使用動物皮革製作各類物品。為防止皮革腐壞,使用前必須先經過所謂鞣革的防腐處理。鞣革作業大致分為以天然植物萃取染液鞣製作與利用化學藥品硫酸鉻進行鉻鞣兩大類。植物鞣革花費時間長,能保有皮革原有質感。鉻鞣則能在短時間完成大量皮革鞣製,但是缺乏植物鞣製品在長期使用後能變化色澤的特性。因為這些增豔成份大多含於植物萃取的汁液當中。

各部位名稱與纖維方向

　　動物皮革的纖維方向並不一致,依照部位而有所差異。因此各部位都有不同的延伸方向。購買半裁的牛皮或馬皮時,如果不事先充份瞭解纖維方向,作品完成後即有產生變形的可能。

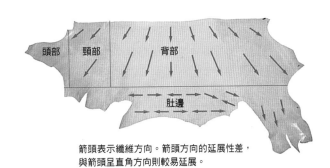

頭部　頸部　背部　肚邊

箭頭表示纖維方向。箭頭方向的延展性差,與箭頭呈直角方向則較易延展。

除了頸部、頭部之外的部位,稱之為背部皮革。皮質厚品質好,適用於皮帶等製品。

9

染 色

　　從基本的黑色、茶色開始，市售皮革有各種顏色可供選擇。只經過鞣製作業，尚未加工處理的雕刻皮，大多必須經過染色程序才能使用。染色皮革中，如右側照片所示，可分為染至裡層的皮革以及只染表面的皮革。染至裡層的皮革也稱為芯通革，在切面及縫邊上能顯示不同的風格。植物鞣製沒有染至裡層的皮革，會隨著使用時間愈長而產生色澤上的變化，因此也受到固定愛好者的青睞。

皮革的單位

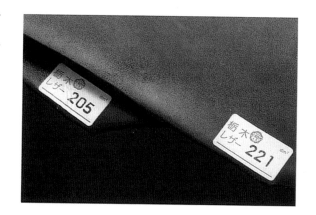

　　皮革的大小以（dm）為計算單位。1dm為10 cm×10 cm，材料店多以1dm的價格作為標示。如右照片中的數字代表尺寸為205dm，將205×1dm的價格即可知道此張皮革的售價。有些尺寸則直接印記在皮面上，相同的牛皮，因其厚度、部位及加工方式的不同，價位上也會有所差異。此外，季節與皮革產地也會影響價格，同樣名稱的皮革在不同店家的售價也往往不盡相同。

烙 印

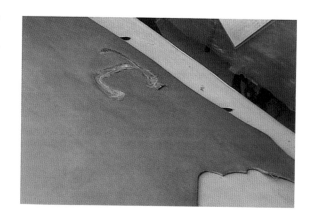

　　皮革工藝以牛皮為使用大宗，現在幾乎全來自海外進口。國外的牛隻在飼養時，飼主多以烙印以便於區別及管理。因此，進口的半裁牛皮大多留有烙印。此外，牛隻生前的傷痕或是皺褶也會留下來。皮件作品上若保有飼主特殊烙印圖案者往往具有極高評價。

購買時的重點

在材料店購買皮革時，最重要的在於明確表達所要製作物品的特性。大小、色澤、質感與風格，都會因為皮革種類的不同而有所差異。不只是皮包，所有的皮革工藝，就算是相同的設計，只要皮革不同，完成作品的風格就有極大的差異。初學者務必要有完整的構想，將想要的形態明確告知店家，才能獲得正確的建議與資訊。若有任何疑問，直接詢問店內專業人員是最好的方式。

保存方法

皮革保存的最大重點即為霉菌的預防。皮革置於潮濕場所容易產生霉菌，特別是梅雨的季節，更要注意除濕的工作。當發現皮面有霉菌要立即擦拭，一旦霉菌深入纖維底層將難以處理。但是也無須過度緊張，只要避免將皮革置於容易受潮的地方或是窗邊等處，大多不會有問題。一般的半裁皮革，以模造紙捲起，置於室內通風良好的場所，就能妥善保存。

色澤的變化

不使用人工染劑及塗料，僅用植物淬取液鞣製的皮革稱為蠟皮。右側照片中均為相同的蠟皮，但是色澤上卻有明顯差異。蠟皮經過日照或是長時間使用會產生顏色上的變化，時間愈長顏色愈深。顏色的變化加上鞣製方式的不同，可能產生深茶色皮革，或是茶色皮革。這也是植物鞣革的最大特色，持續地使用可享受皮革色澤變化的樂趣，也是鞣製皮革廣受喜愛的原因之一。

VARIETY & FEATURE

皮革的種類與特徵

皮革創意作品所使用的皮革種類繁多,此處介紹最常使用的牛皮與鹿皮。同樣的牛皮或鹿皮,因為染色與加工程序的不同,所呈現的質地也各有不同,依照自己的想法找出最適合的皮革是最重要的第一步。

■協力＝CRAFT　Tel.03-5698-5911

牛 皮

馬鞍皮

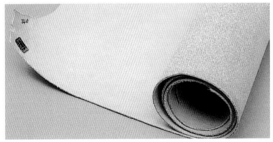

為傳統製作馬鞍具所使用的材料,並以此命名。經過植物鞣革後再予磨出光澤。

牛肩皮

半光面的植物鞣有色牛皮,具透明感的色澤與野性皮紋為其特徵。依照原皮的狀態或部位不同而有不同的紋路。

植物鞣有色軟牛皮

具有鉻鞣般柔軟性的植物鞣革。從皮包到小錢包製作等,使用範圍廣泛。

油感牛皮

植物鞣製的油感牛皮。適度的光面處理,以及隨著使用時間產生的色澤變化,更增添皮件風味及質感,可以充份品味手工皮件獨有的特色。

光面有色雕刻皮

表面經過特殊修色處理。光澤平整無瑕疵，使用範圍廣泛。

有色牛皮

利用植物鞣與鉻鞣兩種方式製作的半光面油感皮革。皮質柔軟觸感佳，拉力與彈性極為優秀。

有色牛面皮

植物鞣製的芯通染牛皮，共14色的豐富色款深具魅力。適度的光面與硬度可運用於各類型作品。

鹿 皮

煙燻鹿皮

使用麥桿煙燻純白鹿皮的製成品。焦糖色調及煙燻氣味為其特徵。多運用於袋物作品。

鹿麂皮

將鹿皮削除表皮，呈現出如絨毛質感的麂皮處理。運用於能充份展現特性的作品，因易髒污，使用保養上宜特別留意。

麋鹿皮革

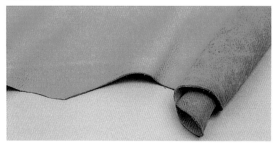

取自加拿大麋鹿皮革，較一般鹿皮質厚。極厚皮革具彈性，不經打薄處理則較難加工。

TOOL & CHEMICALS

皮革細工必要的工具＆材料

開始製作皮革細工之前必須備妥必要的工具，以及具有重要功能的輔助用品。各項工具的種類及尺寸多樣，難以概括說明哪種最為適合。只要自身覺得順手好用，並且能夠提升技術及增加作業效率者即是最佳工具。

皮革的裁切

裁剪皮革時，需使用稱為裁皮刀的皮革專用刀具，或是選擇工業用，可更換各式刀頭的刀片。削薄皮革時也可以使用裁皮刀，對於初學者則建議使用削皮器，或是皮革專用削薄包等較為容易操作。

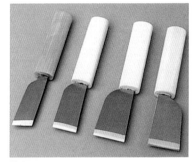

裁皮刀

裁切皮革的專用刀具。有多種不同的刀刃寬度、形狀、左右手專用等類型可作選擇。經常研磨可保持刀刃的銳利。

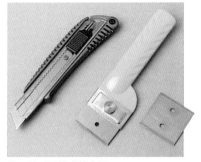

美工刀／可替式裁皮刀

裁切皮革時使用。可替式裁皮刀的刀刃與裁皮刀不同，兩面刀刃均可使用，對於初學者較易操作。可替換刀片。

工藝剪刀／皮革剪刀

裁剪裁皮刀不易裁切的薄皮、軟皮時使用。皮革剪刀也可適用於剪裁較厚的皮革。

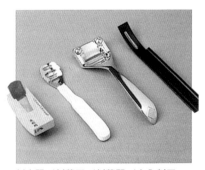

削皮器／削薄刀／削薄器／安全削刀

用於削薄皮革的工具。削皮器也可於修整切面時使用。

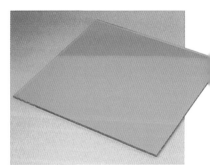

塑膠板

裁切皮革時置於皮革下方的板墊。厚約5～6mm，有大小2種尺寸。

切邊與皮革床面的處理

皮革細工作業中最重視的項目即為皮革切邊的處理。切口或斷面不當將嚴重影響作品的完成度。選擇理想的工具，有助於完成理想的切邊處理。

削邊器

修整皮革裁切後的毛邊用。刀刃寬度有二種尺寸。右邊為磨刀棒。

KS特級削邊器

刀刃寬度有0.8、1.0、1.2、1.4mm4種尺寸可供選擇。為高精密度的削邊器。

三角研磨器

磨平毛邊或切口時使用。分為平面型與曲面型2種。

研磨片

修整毛邊或切口用，分為粗面與細面。可輕易折斷。

玻璃板

在皮革床面塗上完成劑後打磨、或是削薄皮革時作為墊板使用。

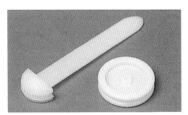

三用磨緣器／圓形磨緣器

樹脂製的邊緣打磨工具。刮刀部份可以作為彎曲皮革或成形時使用。

木製打磨板／木製修邊器

打磨板有大小尺寸，用於植物鞣革光面的打磨用。修邊器則用於修整切邊。

帆 布（8號92cm）

一般作為裡布使用，也可於塗上完成劑的切邊部位打磨時使用。

CMC／皮革床面處理劑／床面完成劑

塗抹於皮革背面，藉由推磨讓皮革毛草平順，並增加光澤的完成劑。CMC為粉狀，須溶於水後使用。

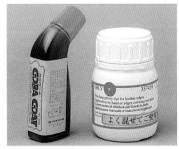

邊油／切邊著色液

可直接塗抹於切邊的彎頭設計，便於完成切邊處理。ORLY則為切邊用的著色劑，共6色。

接 著

黏合皮革的濃度膠，大致可分為水性的醋酸乙烯系的合成物，以及天然橡膠系產品。醋酸乙烯黏劑在乾燥之前可以調整重貼，橡膠系產品因為必須等濃度膠半乾時黏貼，所以黏貼後較難作調整。

強力黏合劑／super craft bond 橡皮膠
superbond為合成橡膠，其他則為天然橡膠。在半乾時黏著。

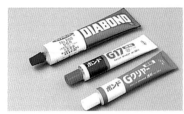

DIABOND／G17／G快乾膠
速乾型合成橡膠濃度膠。G快乾膠可適用於皮革與金屬間的接著。

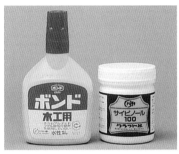

BOND CH18 日製100濃度膠
醋酸乙烯系濃度膠。與橡膠濃度膠不同，需在乾之前黏貼。也有黏性更強的600號。

上膠片
在使用濃度膠或完成劑時，方便均勻塗抹的樹脂製抹刀。大尺寸為40mm寬，小尺寸為20mm寬。

畫 線

在裁切皮革或打孔前，必須先縫上線或是劃出記號。此時必須準備縫線器或是間距規等穿線工具。用法並不困難，卻能夠大幅提升作品完成度，故請選擇適合作品的用具。

銀 筆
在深色植物鞣革或鉻鞣革上作記號時使用。

邊線器／挖溝器
製作縫線溝槽的工具，利用邊線器作出壓痕，再以挖溝器削去部份皮革。

L型規尺
可劃出直角的尺規。利用刃物劃時最好也選用金屬製的曲尺。

間距規
兩端的尖刺適用於劃出等間隔的縫線。

描 筆
兩端分別有不同尖度的筆頭，用於作記號或劃線時使用。

打 孔

皮革有異於布料,無法直接以針刺穿。因此,必須事先以菱斬在皮革上打出孔以便縫合。菱斬和圓斬的重要共通點為均可直接在皮革上作業。

膠板

鑿打縫孔時,鋪在皮革下方的墊板。有6種尺寸。

毛氈墊

在膠板下墊上毛氈墊可以吸收噪音。厚6mm,尺寸為36×36cm。

菱 斬

用來鑿出縫合孔的工具,依刀頭的數量,有1孔至10孔的種類。間距為1.5mm~3.0mm。

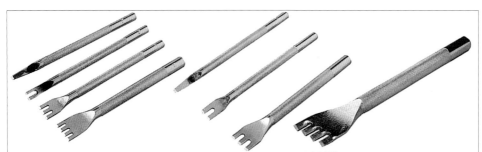

平 斬

用於鑿出固定五金零件所用的縫線孔。與菱斬不同,所打出的孔為長方形。

木 槌

用來敲打菱斬及圓斬,或是在黏著皮革時加壓時使用。

膠 槌

敲打及黏合時使用,具有極佳的消音性,可以替代木槌。

劍形鑽孔器

將菱斬劃出的部份開孔,以及貫穿所重疊皮革的工具。

打孔

長斬
將圓斬打好的孔洞連結貫穿，或是用於鑿出五金具的固定孔洞。

圓斬
在皮革上鑿出圓孔的工具。有直徑 0.6 mm～30 mm等尺寸。

皮帶斬
可鑿出讓皮帶扣通過的長形孔洞工具。有 15 mm寬、18 mm寬、21 mm寬等3種類。

皮帶用圓斬
用於鑿開皮帶固定用圓孔。有 3.6 mm寬、4.7 mm寬、5.7 mm寬等3種尺寸可供選擇。

縫 製

作為手縫線的素材與顏色眾多，不同的選擇都能使作品呈現不同的風貌。此外，針長與形狀各有差異，應依照自己的習慣、技術與效果來選用最適合的種類。

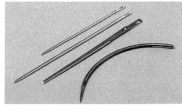

手縫針／皮線手縫針／手縫曲針
基本的手縫針需具備細、粗、極粗3種，皮線手縫針則可以夾著皮繩縫入。

手縫固定夾
縫合時將皮革固定的工具。以腳部操作固定夾開闔，兩手可自由作業。

線
尼龍線、麻線、蠟線等各種縫線。色彩豐富。

尼龍線／尼龍腱線
將尼龍細線集合成束的縫線，以及搓揉成如肌腱般堅固的縫線。

手縫機用線
手縫機專用的聚酯纖維縫線。線體均勻，並上有薄蠟。

線 蠟

可防止麻線起毛，讓線容易縫合。以手指拿著線蠟拉線即可讓縫線上蠟。

皮 繩

由牛、羊、豬等皮革製成。
厚度、寬度、顏色均豐富。

五金零件的裝置

裝置皮革與皮革間固定時所需的牛仔釦、固定釦、環釦等五金零件時必須使用的特殊工具。如果使用尺寸不合的工具會導致零件損壞，因此必須購置需要的正確尺寸。

四合釦工具／牛仔釦工具／環釦工具

各用於裝置四合釦、牛仔釦、環釦時使用。

平凹斬工具

裝置固定釦時使用。依照固定釦的大小選用適合的尺寸。

座台／萬用環狀台

在裝置各種固定釦飾時放置在皮革下的座台。

四合釦（小、中、大）

用來固定小錢包蓋等金屬零件。直徑為 10、12、13mm。

牛仔釦（中、大）

用於長皮夾等須要較強固定度的五金釦件。

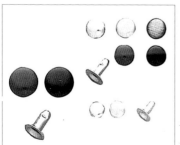

單面固定釦（極小、小、中）

固定皮革與皮革的五金零件。有單面及雙面設計。

原子釦

用來固定於皮帶孔等中空革孔的五金零件。有固定釦形及螺旋形兩種。

潤飾、完成劑

染料、油脂、護膜劑等有關皮革細工用的液劑種類眾多。雖並非每一種都必要，但若事先瞭解各種產品的特質與用途，在適當的部位使用即可以延長使用期限或是提高作品完成度。

牛脂油／100%牛腳油

牛脂油為牛腳脂＋樹脂，100%牛腳油則為100%牛腳油的加脂劑。

羊毛塊（3塊裝）

塗抹油脂或完成劑時使用。材質柔軟不會刮傷皮革。

皮革防水劑

強力防水噴劑，除了皮革之外，布品也適用。

皮革防污劑（25㎖）

以天然柑橘油為原料，去污力強，適合用於清除沾黏於手部或皮革上的濃度膠等髒污。

工藝染料（24色／100㏄）

鹽基系染料，著色力強，色彩鮮明。另有500㏄裝（共7色）。

皮革乳液（100㎖）

水溶性的完成劑，可讓皮革呈現柔和光澤。也可作為染色後的防染完成劑。

平光皮革乳液（100㎖）

和皮革乳液同樣為完成劑，但具有去光效果，能使皮革呈現沉穩的質感。

皮革定色劑（100㎖）

用於亮光漆的底層使用。具有防止龜裂以及定色的效果。

皮革防水噴劑（300㎖）
皮革亮光漆（250㎖）

作為定色劑或乳液的底層劑。亮光漆另有500㎖裝。

排刷／平刷毛

塗刷染料或是大面積時使用。平刷毛則用於塗刷完成劑。有各種大小尺寸。

打磨

皮革裁切與切邊處理往往影響作品的質感，而修邊的好壞則取決於刀刃的銳利度。裁皮刀一旦沾黏皮革上的油脂或是植物鞣劑時，便會降低裁切面的品質，因此，必須經常使用研磨板去污打磨。

磨刀膏與磨刀板
用來清除刀刃上附著的油脂。將磨刀膏磨入板面使用。

磨刀油
研磨刀刃時所使用的油。可與磨刀膏搭配使用。

成套工具組

是提供初學者入門時最方便的選擇。包含基本工具、濃度膠、完成劑等組合。此處介紹 CRAFT 社所販售的四組成套工具，請依照需求選擇適合的組合。

皮革工藝組
包括基本刻印7只、木槌、膠板、毛氈墊、手縫針、壓叉器、皮料、染料、濃度膠，以及參考書的皮革工藝入門組合。

手縫皮革工藝組
包括手縫用菱斬、木槌、皮革研磨片、麻線、線蠟等基本組合。附皮料，可以立即製作。

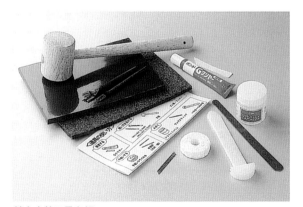

基本皮革工具套組
包括膠板、毛氈墊、菱斬、磨邊器、床面處理劑等手縫皮革全套工具組。

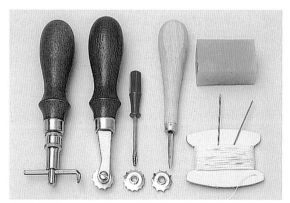

手縫工具組
包括挖溝器、間距輪、劍型鑽孔器、線、針、線蠟等最基本手縫作業工具組。

SPECIAL ITEM
專業工具

此處介紹一般量販材料店較難購買的專業工具。每種特殊材料都可發揮皮革工藝更為精緻的創意成果。

強力彩色麻線
高強韌度，可依照使用方便性分成5等份。共計6色。

彩色麻線
共15色的可分割式麻線，優質色澤為其主要特徵。

尼龍臘線（粗）
19色的尼龍縫線，已上蠟處理。另有細線款。

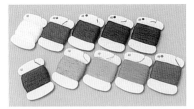

強力耐磨縫線
共10色的高耐磨聚脂纖維縫線。中細為0.8mm，粗為1.0mm。

四合釦工具
因為四合釦工具本身有適度的重量，使用時所造成的毛邊少，失敗率也低。

專業牛仔釦工具
使用時毛邊少、失敗率低。大為15mm、小為12mm與13mm。

壓叉器
在皮革上壓出圖案的工具。刀頭可加工成喜歡的圖樣使用。

邊線器／多用途邊線器
拉出縫線的不鏽鋼製邊線器。多用途邊線器的刀頭可以另外加工處理。

替換式劍形鑽孔器
將菱斬鑿出的線孔挖寬，可以簡單地替換刀頭的便利鑽孔器。強度與尖銳度都非常優秀。

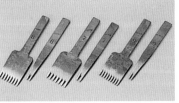

菱斬
七菱斬、八菱斬、九菱斬。各組均另附雙菱斬。

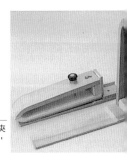

NEW
手縫固定夾具
以轉鈕固定皮革的夾具。可拆式折疊設計，收納方便。

實際製作

本章介紹專業的皮革職人手工縫製作品的實際步驟與方法。每款都是充滿原創精神的皮件作品，兼具實用與藝術美感。參考專業職人純熟技術的同時，希望有助於提升愛好者的技巧，進而充份享受手縫皮革工藝的創作樂趣。

注意事項 WARNING

- 本書的內容，是以期待讀者可以熟悉皮革製作的知識、作業與技術所編輯而成，但作業成功與否以及操作時的安全問題，主要還是必須仰賴作業者個人的技術及專注程度來決定。因此，即使以本書的內容為製作準則，還是無法保證一切作業的結果。此外，讀者在製作的時候，請特別注意自身的安全，並盡量參照書中所刊載的作法進行，以避免任何風險及意外的發生。
- 書中刊載的工具為製作者的習慣用品，可能會有無法購得的情況。且本書收錄的皮革製作材料、工具販售的資訊，為日本地區的資料，並不適用於台灣本地，僅供讀者參考。讀者若有任何關於工具的疑問，還請自行到專賣店詢問。
- 刊載照片及產品內容可能與實品有所出入。
- 書內刊載紙型或圖案均為原創設計。僅限於個人使用。

TOTE BAG

托特包

厚實有質感又兼具柔軟的野牛皮革製
作的托特包。粗獷的皮紋質感最適合
作為休閒包款。厚實的皮革在縫合時
較為辛苦吃力，但是整體作業程序並
不會太困難。

運用細節處理呈現
充滿野粗獷感的野牛皮質感

選用深受男性喜愛的野牛皮革設計，細節也講究
徹底男性化。袋身與側邊加上不修邊的4mm厚革，展
現滾邊的線條凸顯效果，提帶及其他部份選用原色
雕刻皮，讓作品整體呈現俐落的印象。野牛皮背面
不經打磨，利用內側的直立毛草刻意營造粗獷感。
先將各部份分別完成前置處理再進行縫合。飾釦或
帶頭可以依照喜好選擇，若想製作出不同風格的作
品也頗具挑戰性。

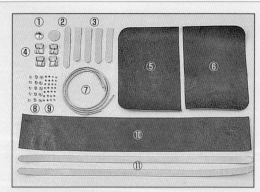

①飾釦 ②飾革 ③皮帶（袋身）④帶頭 ⑤
袋身（表）⑥袋身（裏）⑦滾邊皮革 ⑧牛仔釦
（大）⑨固定釦 ⑩側邊 ⑪提帶

袋身與側邊的準備

袋身打出縫孔，並鑿出裝置固定釦的孔。側邊完成裝釘牛仔釦的準備。

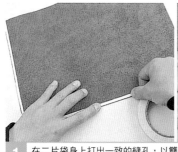
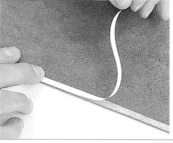
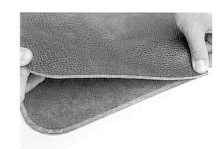

1 在二片袋身上打出一致的縫孔，以雙面膠帶貼合。使用5mm寬的雙面膠帶，除了開口那邊之外，三邊都要黏貼。

2 此時務必準確地對齊黏貼，否則會產生孔數無法吻合的情況。

3 在預備打孔的中央部份對齊皮革，用力加壓，讓皮革完全黏合。

4 將邊線器調至4mm寬，除了開口那邊之外，其餘三邊都壓出縫孔壓痕。

5 先將菱斬的第一個刀刃插入皮革後再鑿孔。野牛皮較厚，要確定已鑿至下層皮革。此處使用的是3mm寬的菱斬。

6 弧線部份使用雙孔斬，仔細地沿著壓痕鑿孔。

7 以雙孔斬打孔至超過弧線後，先停下。

8 從尚未打孔的另一側開始以菱斬輕輕作出記號，再從 **7** 停止的部位開始作記號。確定縫孔均等後再進行打孔。

9 在必要的部位完成打孔作業後，撕開袋身。**8** 中縫孔不合時，可以利用菱斬微調，調至縫孔均等。

10 撕開皮革的雙面膠帶。作品完成後會看見這個部份，因此務必完全撕除乾淨。

POINT

準備處理側邊之前，要正確算出袋身的縫孔。如果袋身和側邊的縫孔數不合，則會產生位置歪斜的問題。

11 開始處理側邊。在側邊皮的長邊上，以調整成4mm寬的邊線器劃出壓痕。

12 與袋身同樣方式，先插入一刀後再開始打孔。先打好一邊，確定與袋身的縫孔是否吻合。

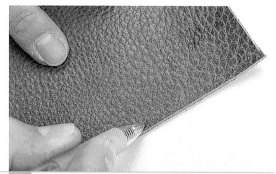

13 完成一邊的縫孔後，每10個縫孔處用原子筆畫出記號。

14 在 **13** 的記號處用曲尺以垂直角度在對側作出記號。

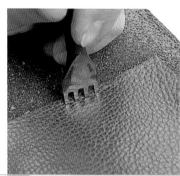

15 在對側 **14** 作號記號間，打出10個縫孔。如此可以避免將單側全部打好孔後造成皮革延展，而產生縫孔與側邊皮革長度不合的情況。

16 準備滾邊用皮革。邊線器調至4mm寬，劃出縫孔壓痕。

17 滾邊皮革的縫孔也同樣必須和袋身、側邊的縫孔數吻合。

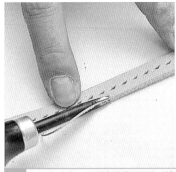 

18 打孔完成後，以削邊器將側面的毛邊削除。皮革的正反兩面都要處理。此部份零件的前置作業即完成。

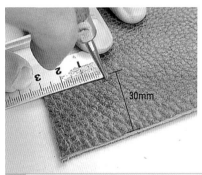

19 接著用削薄刀在袋身與側邊皮革背面有縫孔的部份刨下1～1.2mm的厚度。

30mm

20 側邊的固定。參考照片上從邊角算起30×30mm的位置用描筆作記號。

21 用Ø4mm的圓斬，在記號處打孔。打孔處裝置牛仔釦（大），並以牛仔釦工具固定。四個角同樣處理。

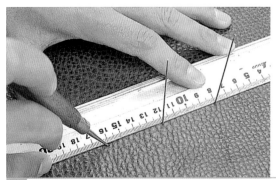

22 接著在預備縫提把的部位打孔。從袋身側邊算起80mm，再往底部方向80、120、160mm的位置，以描筆作出記號。

23 在記號的位置各鑿出Ø4mm的孔。這個部份會成為後面的袋身。鑿孔的詳細位置，請參考右頁圖示。

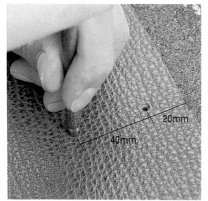

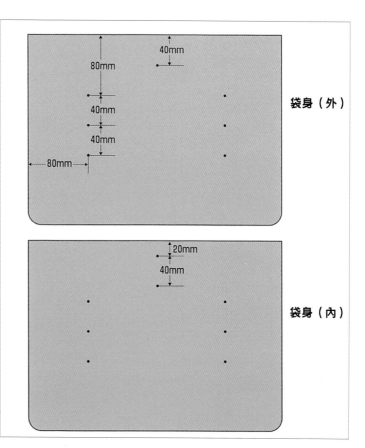

袋身（外）

袋身（內）

24 縫製飾釦的位置從袋口算起，背面為20mm和60mm，正面為40mm處。

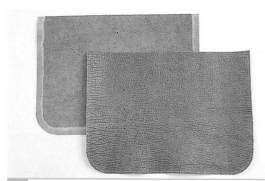

25 完成後的縫孔和各零件打好孔、削好皮革背面的狀態。袋身正面和背面的打孔位置不同，請特別留意。

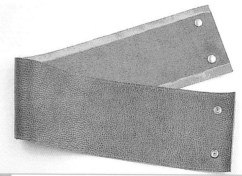

26 打好縫孔、削好皮革背面、釘上牛仔釦的狀態。與袋身的縫孔必須吻合。

提帶（袋身）的準備作業

4條皮帶必須外觀、尺寸一致，務必仔細正確的進行作業。

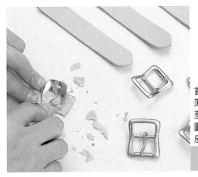

首先將皮革背面削薄。從底部開始削薄至25mm處。參考右圖，製作出4條同樣皮帶。

1

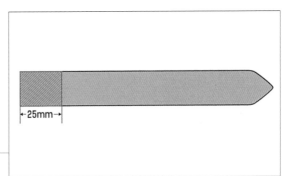

←25mm→

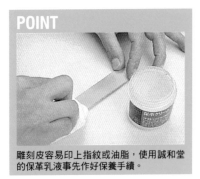

POINT

雕刻皮容易印上指紋或油脂，使用誠和堂的保革乳液事先作好保養手續。

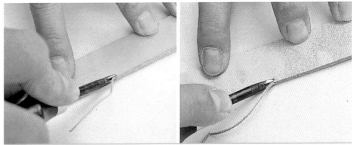

2 背面打薄之後，正反面都要削邊。雖然皮革切邊要修飾與否因人而異，但是在明顯的部位還是盡可能作好修整。

3 削好毛邊後打磨切邊。先以棉布輕擦後塗上床面處理劑，再擦去溢出的處理劑。
打磨切邊時，不要一次全部磨好，以短距離逐次進行為宜。

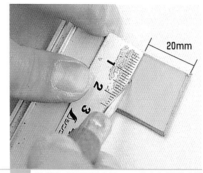

4 將處理劑擦拭乾淨後，以菜瓜布打磨，最後再用帆布磨平。

5 接著在光面距離底部20mm的中心位置以描筆作記號。

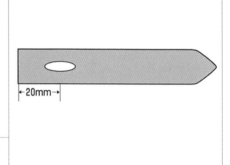

6 以 **5** 的記號為中心，用20×3mm的皮帶斬鑿出孔。在距離皮帶斬孔前端4mm的位置上，以4菱斬打孔。

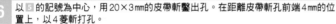

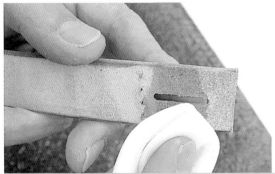
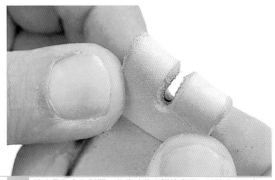

7 將皮帶斬孔的背面用水沾濕。此項作業是避免彎曲皮帶時光面部份產生龜裂情形。

8 將皮帶孔小心對摺。作業時務必謹慎處理，以防止皮面龜裂。

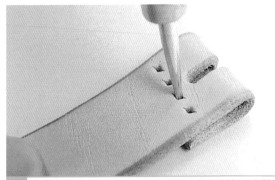

9 將前端摺好，在 6 照片右側鑿好的縫孔內將圓錐刺入，在對摺的皮革背面作出印記。

10 打開皮帶，在 9 作出的記號上鑿孔。縫孔可能會產生移位，因此要避免直接在對摺的二片皮革上貫穿打孔。

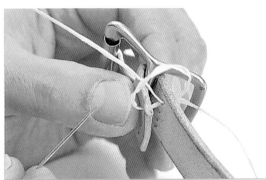

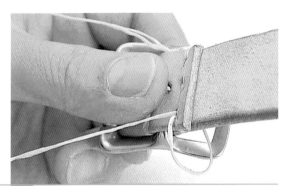

11 裝上帶頭，以麻線縫合。將結頭藏在內側，從重疊的皮革內側開始縫。

12 開始縫時先在皮革邊緣繞二圈。縫至最後收線時也要繞二圈。

13 縫完後把針穿過重疊皮革的內側，在內側打結。此處為了縮短縫合的長度，回針縫一針即可。

14 打結時要盡可能將線頭剪短。這個階段從外面還看得見線頭。

  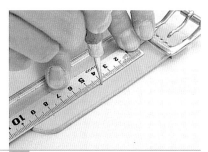

15 剪好的線頭以打火機燒熔，利用圓錐將線頭壓進內側。這樣從外面便看不見線頭而更加美觀。

16 在各零件的前端算起各 15、55、95mm的位置以描筆劃出記號。

 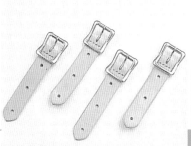

以 **15** 劃出的記號為中心點，利用∅4mm的圓斬鑿孔。

17

重覆 **1** 到 **16** 的作業程序。孔洞位置與完成後的長度必須完全相同。

18

皮帶的準備

兩條皮帶必須完全相同。重覆下列作業步驟，製作出兩條相同的零件。

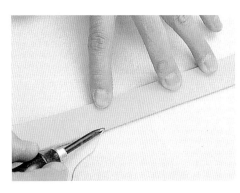 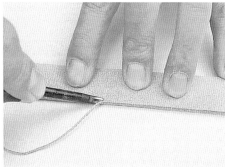

削除光面與背面的毛邊。依個人喜好可選擇是否要進行這個步驟，有削除毛邊和經過修邊程序的作品，觸感較為柔軟好提。

1

2 以沾水的棉布擦拭切邊後塗上床面處理劑。溢出的處理劑用布擦除，再依序用菜瓜布、帆布輕磨修邊。推磨方式可依個人喜好處理。

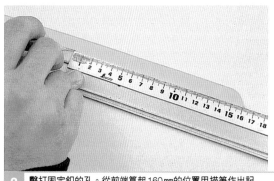

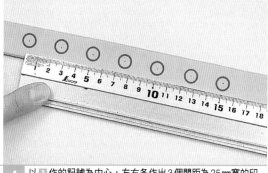

3 鑿打固定釦的孔。從前端算起160mm的位置用描筆作出記號。記號務必劃在光面上。

4 以 **3** 作的記號為中心，左右各作出3個間距為25mm寬的印記。

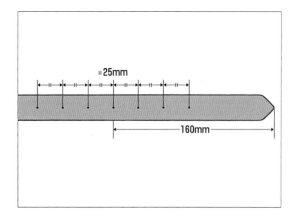

POINT

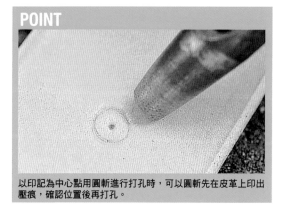

以印記為中心點用圓斬進行打孔時，可以圓斬先在皮革上印出壓痕，確認位置後再打孔。

依照 3、4 的印記，用 ∅ 4 mm 的圓斬打孔。孔洞排列若沒有呈直線會影響美觀，必須小心作業。

5

2 條皮帶的兩端以相同程序處理後，皮帶的準備工作即完成。

6

飾革的準備

選擇自己喜歡的飾釦。作為底部的皮革直徑必須配合飾釦大小。

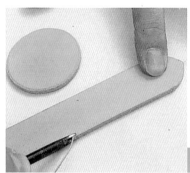

將各零件的外圍，以修邊器修整。

1

以沾濕的棉布擦拭皮革後，塗上床面處理劑，依序用菜瓜布、帆布輕磨修邊。

2

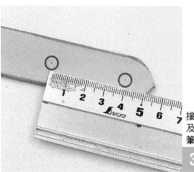

接著在距離前端 15 mm 及 55 mm 的位置用描筆在光面作出記號。

3

以 3 的記號為中心，用 ∅ 4 mm 的圓斬打孔。

4

5 將切成圓形的皮革與飾釦合在一起。稍微加壓會成形如照片右側的壓痕。照片中的飾釦為 Leather Wolf 製作 SV950 銀製品。

6 以圓斬鑿空壓痕孔。此處是使用∅4mm圓斬。

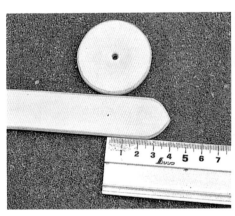 

7 在 **3**、**4** 作出記號的對側算起 40 mm 位置作記號後打孔。

8 接著固定飾釦，事先切出一塊適當大小的中空直徑4mm的圓皮革。

9 將 **8** 切出的中空小圓皮置於飾釦與圓形皮革的中間固定。這樣能加強飾釦與皮革間的密合度。

各部零件的裝置

將皮帶（袋身）、飾革全部裝置完成。固定用的五金具請選用適合的專用工具。

將皮帶與28頁 22、23 中在袋身鑿好的安裝孔對齊，將固定釦的公釦裝置在光面。

1

在皮革背面與母釦組合。

2

放上環狀台後，利用平凹斬打入固定釦。

3

在29頁 24（照片下方）中打好的安裝孔上裝置牛仔釦的公釦。請選用符合牛仔釦直徑的牛仔釦工具來進行打釦。

4

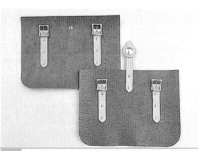

5 另一邊（袋身內側）則將29頁 24（照片上方）中打好的安裝孔與飾革對齊，並安裝固定釦。

6 所有零件完成後的狀態。皮帶要等全部縫合完成後再釦上。

整體的縫製

袋身與側邊的縫合。進行滾邊作業時要特別細心處理。

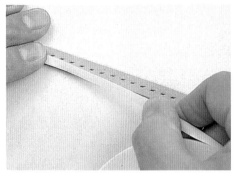

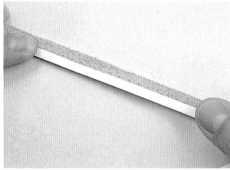

將滾邊用的皮革面都貼上雙面膠帶。讓有磨整的切邊在外側,將膠帶沿著沒有打磨的那一邊黏貼。

1

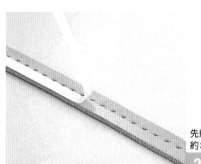

先將單邊的膠帶撕開約30cm長。

2

沿著袋身的光面黏貼滾邊皮。因為完成後必須翻面,因此滾邊皮有打磨的切邊要向著內側黏貼。

3

黏貼到轉彎的部份再撕去上方的膠帶。

4

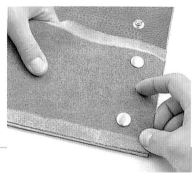

將側邊皮的光面朝下,對齊切邊黏合。

5

6 為預防縫線不夠長而中段作業,請準備約4倍縫合長度的線。

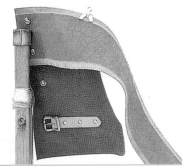

7 將 3 ~ 5 貼合的部份以夾子固定,並裝上固定夾具。

POINT

縫合長距離時,穿過針的縫線盡量拉長至可以對摺的程度。如此縫合時每次只要拉一次線即可,也可以減少縫線的磨耗。

POINT

レザーウルフの柿沼先生把手縫固定夾改良成為自己慣用的形式。將用來固定作品的長臂綁上橡皮圈,如照片右側可以簡單地開闔

8 開始縫合時，線穿過縫孔，在皮革邊緣繞兩圈。拉至使邊緣不會鬆脫的位置。

9 縫至一定程度後，將線往箭頭方向（作品側）拉，逐一調整每一針縫的位置。

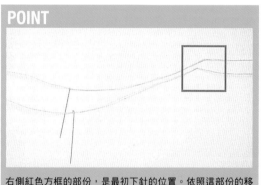

POINT

右側紅色方框的部份，是最初下針的位置。依照這部份的移動，可以將縫線的磨耗降低至最小限度。

10 轉彎弧線部份的縫孔容易歪斜，不用黏貼雙面膠帶，一針一針的確認縫孔後縫合，並隨時注意兩側縫孔的密合與否。

11 直線部份黏貼雙面膠帶後確實縫合。完成後在邊緣皮革繞二圈後固定縫線。

12 將二個線頭打上三個結確實固定。

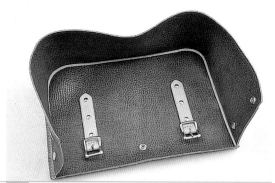

13 用剪刀剪去多餘縫線，以打火機燒熔。特別留意打火機的火燄不要傷及皮革。

14 單邊的袋身與側邊皮縫合完成的狀態。直接以此狀態繼續縫合另一邊的袋身。

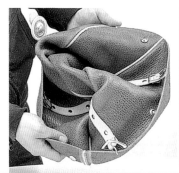

15 另一邊袋身的縫合方法與前述大致相同，重覆 **3** 至 **13** 的作業程序即可。

16 全體縫合完畢後，注意不要刮傷皮革，小心地翻面。將皮包底部推出成型。

17 滾邊的部份可以稍微加壓彎摺出線條。

全部作業結束。充份展現野牛皮革質感的男性設計。依照配色及五金具的改變可以衍生出多樣性的風格變化。

18

尺寸圖

下圖放大650%即成為原尺寸大小。確實數據僅供參考,實際製作時仍必須依照皮革的厚度與質地作調整。

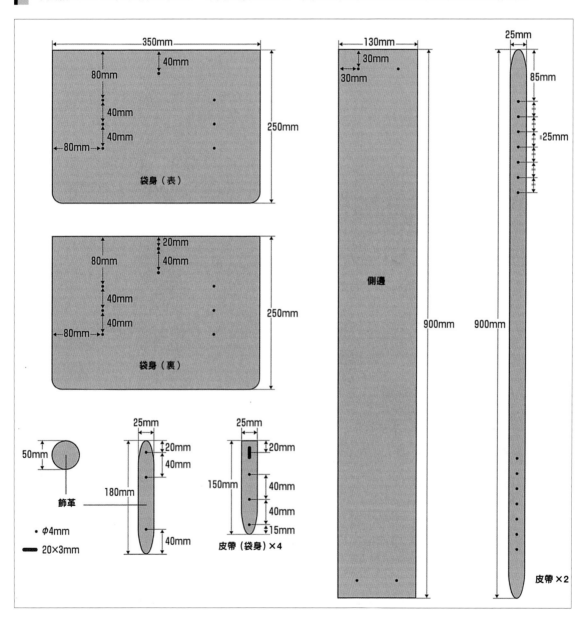

350mm

40mm
80mm

40mm

40mm
←80mm→

250mm

袋身（表）

20mm
80mm
40mm

40mm

40mm
←80mm→

250mm

袋身（裏）

50mm

φ4mm

20×3mm

飾革

25mm
20mm
40mm

180mm

40mm

25mm
20mm

150mm
40mm

40mm
15mm

皮帶（袋身）×4

130mm
30mm

30mm

側邊

900mm

25mm

85mm

25mm

900mm

皮帶×2

SPECIAL THANKS

讓皮革更貼近身旁。從自己開始實踐這項理想。

座落於茨城縣的土浦北IC交流道出口，T字路的盡頭處的別緻建築物，即是本次協助製作野牛皮托特包的皮革工房「レザーウルフ」。沿著溫和質感的原木棧板走進店內，負責人柿沼先生親切自然的說明，讓來客猶如置身藝術展示空間。工房也設於店內，日後更計劃增設皮革工藝教室，讓更多喜好者參與。

負責人柿沼先生有著與「職人」一詞嚴肅聯想迥然不同的開朗親切，「我想破除皮革＝職人＝頑固者，這樣的既有成見。」「希望能提供喜愛皮革工藝的人一個休憩的場所，這也是當初開設這家店的源起念頭」，柿沼先生這麼說著。在店內，既要作為職人，也要同時負責接待顧客，希望能藉此讓更多人親近皮革，也增加更多接觸皮革的機會。目前以訂製的客源為主，依照顧客的要求所設計的作品，每一款均使用高品質的皮革用心製作。

儘管目前也提供網路訂購，但是親臨現場後藉由觸摸、觀賞，感受原創者作品中的熱情，才是最佳的薦賞方式。能渡過一段享受創作樂趣的充實時光。レザーウルフ部落格中登載各項店內最新資訊可供參考。

HIROYUKI KAKINUMA

柿沼 浩幸
從製作、販賣，一手包辦的レザーウルフ負責人。以凸顯素材特質與謹慎做工為理念，幽默風趣的性格，深獲眾多死忠粉絲的支持。

1 皮包、皮夾到置物袋、皮帶等多元性原創作品。運用牛、鱷魚、野牛等各種皮革的作品令人眼睛為之一亮。 **2** 種類豐富的皮夾，即使不是訂製的客人也一定可以發現喜愛的作品。

SHOP INFORMATION

レザーウルフ
日本茨城縣土浦市真鍋4-1124-11　Tel:029-804-1562　Fax:029-804-2562
URL:www.leather-wolf.com　e-mail:realmade@leather-wolf.com
營業時間　平日13:00～20:00　例假日10:00～20:00
公休日　每週二 ※ 國定假日隔日公休

BONSACK

斜揹水桶包

超寬袋口，可以容納
大量物品的水桶包。單
肩斜揹設計，騎乘機車時
也不會礙手礙腳。此外，後方
還有拉鍊開口設計，不必放下袋子
即可輕鬆拿取袋內物品。

構造簡潔
確保大容量

　　以選用大地的皮革聞名的パーリィー工房所製作的
水桶包。水桶包起源於軍用的筒形揹包，パーリィー
以簡單的線條展現休閒元素。店內販售的作品是以
較厚的麋鹿皮革製作，書中則選用初學者也容易製
作的光面有色雕刻牛皮作為示範。使用較薄的皮革
能減少削切作業。製造程序或是較長的縫合距離也
無須特別困難的技巧。

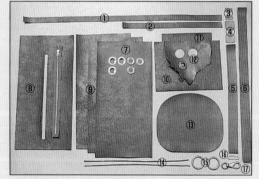

①滾邊皮革B　②滾邊皮革A　③金具固定皮革B
④金具固定皮革A　⑤皮帶A　⑥皮帶B　⑦環釦
⑧袋身A　⑨袋身B、C、D　⑩口袋　⑪口袋蓋
⑫墊皮　⑬底革　⑭牛皮繩　⑮圓環　⑯提耳環
⑰活動鉤

裝置拉鍊

首先進行袋身背部開口的拉鍊裝置作業。便於自由拿取袋內物品。

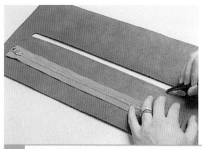

1 袋身A的拉鍊縫孔上，以間距規劃出3mm寬的線。

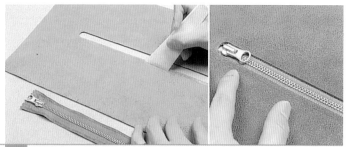

2 翻過袋身A，用上膠片在安裝孔周圍塗上約3mm寬的橡皮膠。盡可能塗薄，待半乾後將拉鍊貼上。

3 依照 ■ 劃出的線，用菱斬打孔。兩端轉彎弧線部份使用雙孔斬。要特別注意縫孔要垂直排列，不能歪斜。

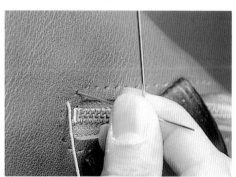

以平針縫合拉鍊與袋身A。不要重疊，從頂端逐針縫合。

4

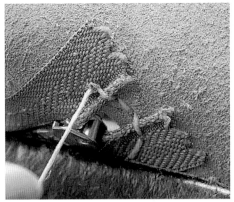

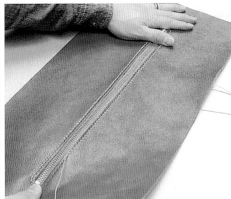

拉鍊布分開的部份，縫線必須以跨縫的方式才會平整美觀。拉線時可能會產生皺褶，所以要隨時拉平袋身Ａ再繼續縫合。

5

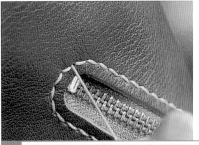

6 縫完一周後，再重疊縫一次，讓兩個線頭都出現在背側。

7 在光面的線頭要穿過背面時，可以先塗上白膠再拉出。如此可以增強固定力。

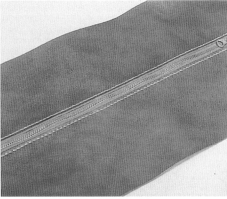

兩個線頭都拉出在背面，留下1～2mm線長後剪去多餘縫線，再塗上少許白膠。

8

皮**帶的製作**

皮帶A與裝置五金具的部份是使用雕刻皮。用削邊器處理好切邊後，再裝置活動鉤及圓環縫合。

將作為飾釦墊皮及五金掛鉤固定帶的皮革以削邊器修整。正反面都要處理。

1

修邊後，以棉布沾CMC打磨切邊。背面則可利用玻璃板打磨。

2

金具固定帶A上以間距規劃出3mm寬的匚字型縫線，再用尺連線成四角形。

3

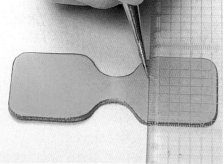

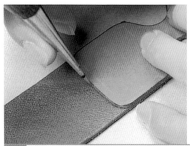

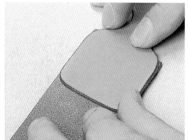

4　將固定帶置於皮帶A（短）上，描出黏份的區域。在皮帶與金具固定帶上塗抹橡皮膠，待半乾後黏合。

皮帶可能會稍微超出固定帶，利用刀片將多餘部份切齊。

5

6 將另一邊的皮帶和固定帶塗上橡皮膠。橡皮膠要盡量均勻地薄塗。

7 穿入活動鉤。將皮革向外彎摺，注意不要沾黏到橡皮膠，小心地將活動鉤穿入。

穿入活動鉤後，黏合皮帶與固定帶。固定帶兩面的位置要對齊。

8

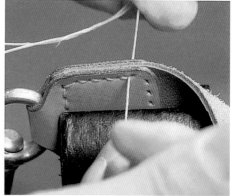

沿著 **3** 劃出的線以菱斬
鑿孔。打好孔後開始縫
合。

9

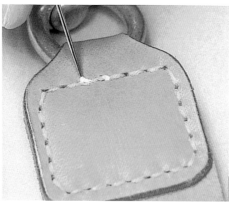

縫至最後2針時加上白
膠固定。

10

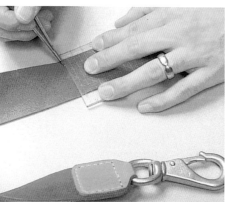

裝置有活動鉤皮帶的另
一側要安裝圓環。在距
離前端13mm的位置劃
線，在背面前端塗上
約30mm寬的橡皮膠。
皮帶摺入的長度，需依
照使用圓環的大小作改
變。

11

摺入皮帶,對齊[11]在光面劃出的線,並在背面也劃出線。此線為黏份的區域。從劃線的地方開始塗上約30mm寬的橡皮膠。

12

穿入2個提耳環,摺入皮帶,對齊黏合線後貼牢。貼好後在前端算起2mm的位置劃線,並連成四角形縫線。

13

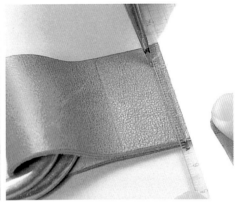

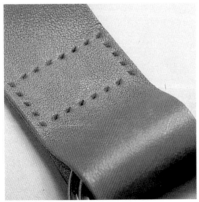

沿著劃好的縫線位置,以菱斬鑿孔並且縫合。縫完一周後,最後重疊縫2針並以白膠加強固定。

14

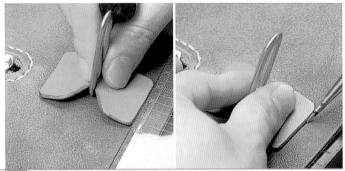

15 穿入提耳方環。固定皮革的腰部最好能卡住提耳環。

16 將固定帶B置於距邊端15mm的位置，並在一側劃出記號。穿好提耳環的固定帶要與拉鍊的位置配合。

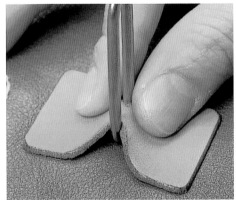

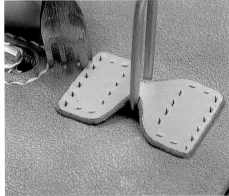

皮革背面塗上橡皮膠，用尺劃出縫線，再以菱斬鑿孔。

17

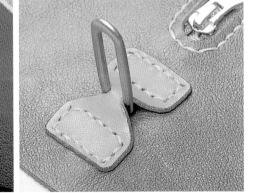

縫合固定帶B與袋身。縫合方式如前述，最後2針要重覆縫合並在背面固定。

18

袋身的縫製

把縫有拉鍊的袋身A以外的袋身B、C及D縫合。雖然進行縫合的範圍很長，不過因為都是直線所以並不困難。

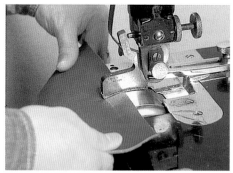

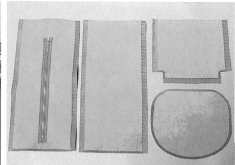

首先在袋身片重疊的邊緣部份沾上水。圖片中變色的部份是沾有水的範圍。在此是把1.8mm厚的皮革沾濕1.2mm，若使用1.4mm～1.6mm的皮革則不沾溼也可以。

1

把袋身B、C的光面相對，重疊在一起並用強力夾固定。這裡不須要上膠。

2

3 在距離邊緣15mm處劃線，用菱斬鑿孔。

4 起縫時從第2個孔穿入線，回縫至第1孔之後再繼續縫下去。縫至最後也要回縫兩次後再從背後穿出收尾。

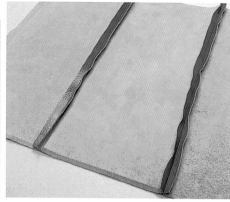

縫合完成後將邊緣部份用手指攤開，再把縫在一起的袋身BC用 **2**～**4** 的方法與袋身 D 縫合。

5

6 將已縫合的邊緣部份用塑膠槌打開敲平。

7 在邊緣部份塗上橡皮膠。用塑膠片等工具上膠的話，皮革光面就不會沾到橡皮膠。

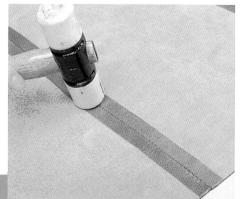
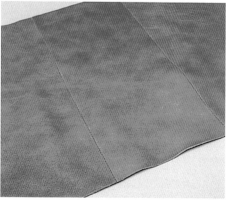

再用塑膠槌加壓黏著。

8

口袋的縫製

縫製袋身正面的口袋。口袋蓋上用飾釦與牛皮繩作為固定。

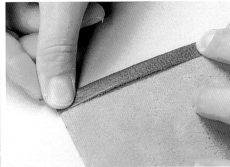

在袋身中央下方算起45mm的位置劃出記號線，將口袋皮有打薄的一邊摺出摺線。

1

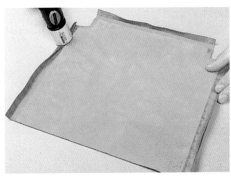

摺入的部份用塑膠槌敲打加強定型後再塗上薄層橡皮膠。邊角部份可以不用塗。

2

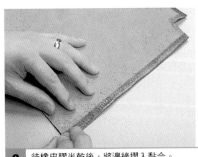

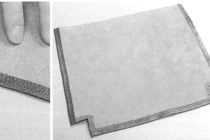

3 待橡皮膠半乾後，將邊緣摺入黏合。

4 用塑膠槌敲打加強黏著。

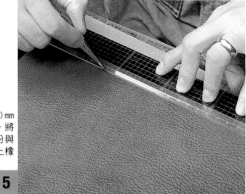

從口袋上部算起10mm的位置劃出記號線,將這個10mm寬的部份與滾邊皮A的一半塗上橡皮膠。

5

6 對齊 **5** 畫出的線將滾邊皮A貼上,並以塑膠槌敲打黏著。

7 滾邊皮A的另外半邊和背面10mm寬的部份塗上橡皮膠,並將滾邊皮A摺入黏合。

8 將滾邊皮A多餘的部份,配合袋身寬度剪去。

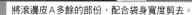

9 從滾邊皮A內側起劃出3mm寬的縫線,再以菱斬鑿孔。

以菱斬打好孔之後,以平針縫縫合滾邊。縫線從第2孔開始穿入,回縫至第1孔,重覆縫2道後再開始縫合。

10

縫合側邊。如左側照片,將背面皮翻至正面予以縫合。事先在要縫合的面塗上約5mm寬的橡皮膠。

11

12 先黏合塗膠部份,再以菱斬鑿孔並縫合。縫至最後須重覆縫2針,再以白膠固定。左右兩側邊的縫合程序相同。

13 對齊 **1** 劃出的記號線，確認口袋的裝置位置。

14 以間距規在口袋上劃出3mm的縫線。口袋置於袋身之後，在上方黏份線的地方作記號。

在 **14** 劃好的記號線下方塗抹10mm寬的橡皮膠。口袋摺入的部份也要上膠，待其至半乾。

15

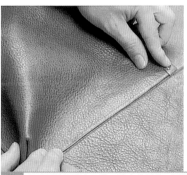

16 對齊劃線後黏合口袋。確定位置後，再以塑膠槌敲打黏著。

口袋的縫製

17 對齊 **14** 劃好的記號線後以菱斬鑿孔。注意不要剪到縫合的側邊部份的縫線。

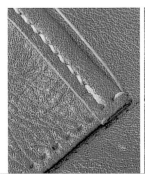

18 在口袋上方以菱斬打孔，縫線先繞皮革兩圈後再開始縫合。

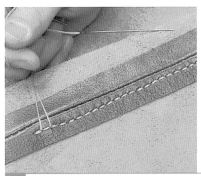

19 最後也要像一開始縫合時，將縫線繞兩圈後從背面穿出。

20 完成和前述同樣的縫線收尾處理方式後，口袋的裝置作業即完成。

21 配合口袋上方的高度，用尺劃出記號線。

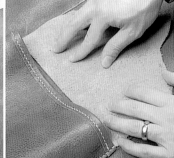

22 在口袋前端5mm處塗抹橡皮膠，並與袋身黏合。

在口袋的背面劃出5㎜
寬記號線,並以菱斬鑿
孔。之後再予以縫合。
與前述縫合袋身時相
同,開始和最後都要將
縫線繞兩圈。

23

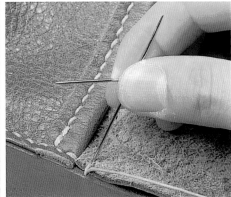

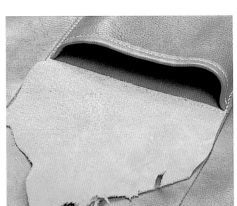

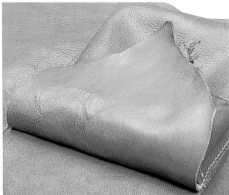

口袋蓋縫合完成的狀
態。

24

25 飾鈕用的皮墊,先以皮帶斬打出橢圓形孔。這個孔是要讓飾鈕的縫圈穿過,
依照所用飾鈕的不同,皮墊厚度的選擇也會有所差異。

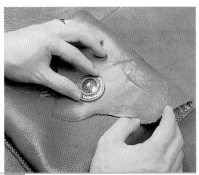

26 將飾鈕置於口袋上蓋,確定裝置位置。位
置也是因口袋蓋的皮革種類不同而異。

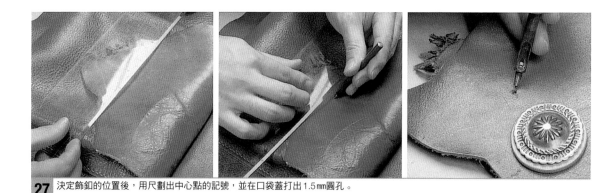

27 決定飾鈕的位置後，用尺劃出中心點的記號，並在口袋蓋打出1.5mm圓孔。

在皮墊上打出2個孔，並取適當長度的縫線穿過飾鈕縫圈及皮墊。

28

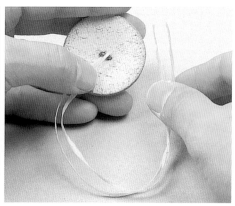

29 將2條縫線一起穿過口袋蓋上的孔。

30 縫線穿過背面的皮墊孔，打好結後燒熔固定。

 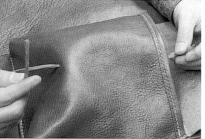 

31 在適當位置鑿出固定繩用的孔，將牛皮繩穿過，將口袋內側的部份打結。皮繩孔會位在口袋的中心位置。

32 皮繩約為至口袋底部的長度。前端斜切處理。

圓孔與揹帶的製作

製作關閉袋口用的圓孔與下方的揹帶。圓孔直徑大，必須使用專用圓斬來打孔。

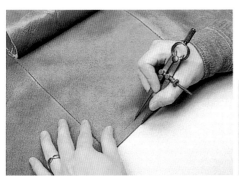 

用間距規在袋身上部劃出10mm寬的記號線。

1

 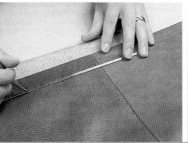 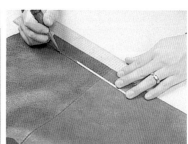

2 在要打孔的位置作出記號。在距離袋身上部30mm的高度，各個面都要劃出中心點。

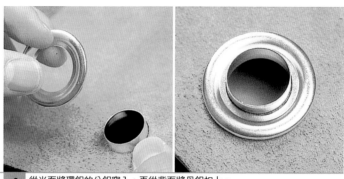

3 在記號處以直徑18mm的圓斬打孔。

4 從光面將環釦的公釦穿入，再從背面將母釦扣上。

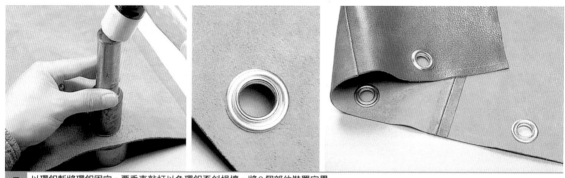

5 以環釦斬將環釦固定。要垂直敲打以免環釦歪斜損壞。將3個部位裝置完畢。

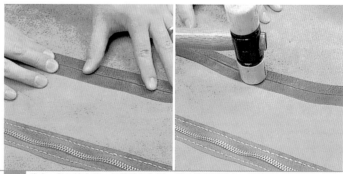

6 裝置好環釦之後，將袋身A與袋身B縫合。縫製方法同前述。

7 袋身A與B縫合後，打開壓平內側，並以橡皮膠貼合，最後再以塑膠槌敲打黏著。

縫合袋身A與D後即成
筒狀。縫合與黏貼方法
同前述。

8

9 將皮帶B（長）的前端斜切。可增添設計感並且容易穿過圓
環。

10 在皮帶B的另一端以及底革中心塗上5mm寬的橡皮膠。

貼合底革與皮帶B，再
以塑膠槌敲打黏著。黏
合後劃出10mm寬的縫
線。

11

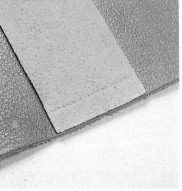

底革打孔時讓1孔騰空。完成打孔後開始縫合。最初和最後的縫線都要繞皮革二圈。

12

底革與滾邊的處理

黏貼並縫合筒狀的袋身及底革。底革黏貼時不能歪斜是最須注意的重點。

在底革與袋身光面5mm寬的部份塗上橡皮膠。注意袋身上下位置不要錯誤。

1

2 開始先以袋身A的拉鍊中心對齊縫好底革的皮帶B中心後貼合。黏合時不要過度拉扯皮革,以免產生歪斜的情況。

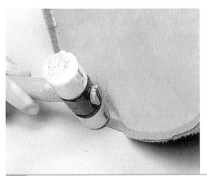

3 袋身與底革黏合後，以塑膠槌敲打黏著。

4 在3mm寬處劃出縫線，並以菱斬打孔。快打完一周時，要注意調整孔的均等間隔。

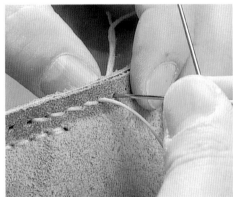

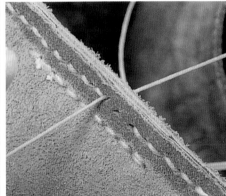

進行縫合作業。一口氣縫完須要較長的縫線，為避免磨耗與縫合方便起見，可以先縫一半後再穿線繼續縫。

5

最後2針要縫至袋身，縫線從袋身這邊穿出後剪掉。線頭以白膠固定。

6

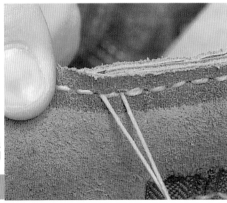

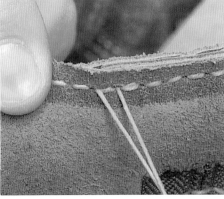

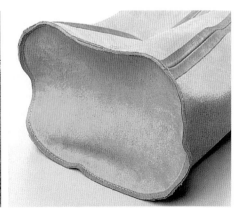

袋身與底革縫合完畢
後，翻至正面。

7

POINT
注意不要刮傷

將袋身翻面時，要特別留意不要
刮傷皮革光面。指甲也可能造成
皮革面的刮傷。此外，有五金具
部份也要特別小心，尤其是金屬
製的拉鍊四角，稍微一拉就可能
損及表面。

在袋身上部10mm的位
置與滾邊約一半的部份
塗上橡皮膠後貼合。滾
邊的前端要對齊袋身A
的中心。

8

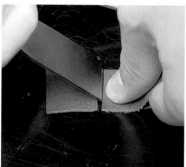

9 滾邊一周後，切除多餘部份。將滾邊皮重疊約15mm後黏合。

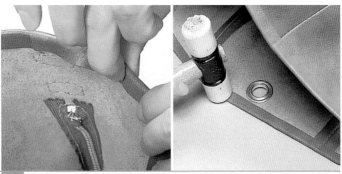

10 將滾邊皮的一半袋身背面（滾邊的寬度）塗上橡皮膠。

11 摺入滾邊皮貼合。最後再以塑膠槌敲打黏著。

12 從滾邊前端算起3mm的位置，以間距規劃線並用菱斬鑿孔。

POINT

鑿孔時注意不要將孔打在袋身的縫合處，否則可能會斷線。

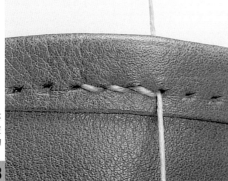

縫合滾邊皮。拉線時不要太用力，以免造成皮革皺縮。力道須適度均勻，才能縫得平整美觀。

13

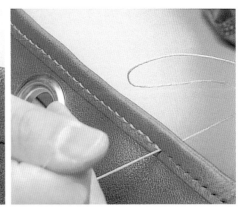

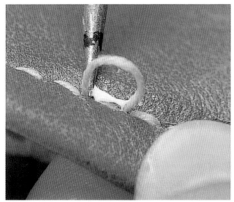

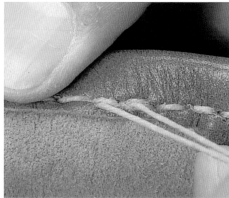

最後兩針要重疊2次讓
線端從袋身內側穿出，
並以白膠固定。

14

在袋身A的拉鍊綁上牛
皮繩作為拉把。皮帶B
則穿過皮帶A的圓環固
定。

15

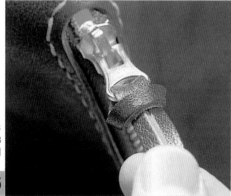

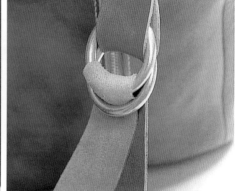

作品完成。這次使用的皮料為
光面有色雕刻牛皮，選擇其他
種類的皮革則作品風格將完全
不同。

16

SPECIAL THANKS

豐富的線條與手工質感，傳遞出製品的無限魅力

ATSUSHI SHIRAKATA

白潟　篤
パーリィー負責人，對皮革工藝的堅持毫不妥協的專業態度下，卻有著超強的親和力。年輕時期開始即是機車的愛好者。

　　從錢包、卡片夾等隨身小物以至揹包等大型作品，パーリィー的皮革作品種類豐富多樣。寬敞的工房中存在10多人的工作團隊，從切邊到縫製，引以為傲的是謹慎且迅速的作業效率。且在修邊處理上的仔細作業，使得作品完成度高，而簡潔不退流行的設計，除了負責人白潟先生外，更有賴年輕團隊源源不絕的創新概念。

　　パーリィー另一項為人稱道的則是「大地之革」系列作品。附有飾鈕的長夾、短夾、皮環錶等各式半成品套組，內含裁切好的皮革、五金具等，只要具備簡單工具，連初學者也可以輕鬆享受手工製作的樂趣。網站、東急手、工藝材料店均可購買，初學者不妨從小物開始進行製作。

　　此外，網站也販售各類製作皮件用的提把、口袋、拉鍊、環帶等相關配件，可以提供製作者參考選購。

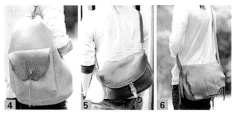

1 從日常使用到外出旅行，用途廣泛的大尺寸托特包。 2 腰、肩 2way 式腰包。　3 線條簡單的經典款，男女均適用的人氣旅行用托特包。 4 具豪邁外觀的麋鹿皮肩揹包。　5 附內袋的中型肩揹包。　6 袋蓋採原皮革不收邊設計的鹿皮肩揹包。

SHOP INFORMATION

株式會社　パーリィー
日本東京都練馬區上石神井 1-11-10　Tel:03-3920-3850
Fax:03-3920-3886　URL　Http://www.parley.co.jp/
e-mail　parley@mint.con.ne.jp

ELK SHOULDER BAG

鹿皮肩揹包

只要調整揹帶打結的位置即可輕易
變換成斜揹或側揹。袋身服貼性高，
雙手可以自由活動，是適合活動力高
的男性設計包款。

不顯重疊累贅，完全服貼身形
的最佳尺寸皮革揹包

　　以鹿的溫和質感搭配剛強的男性特質產生的反差
效果，打造高質感無印鹿皮揹包。袋口寬廣，側邊
的厚度使揹包足以容納外套等物品。袋口的固定繩
以4條皮繩編成，凸顯揹包的獨特原創感。實際作業
時除了皮繩編製技巧外，其他如活用鹿皮柔軟特性
的縫製方法，以及裝飾滾邊等多種運用於鹿皮的特
殊技巧，都是值得學習者效法的專業級手法。

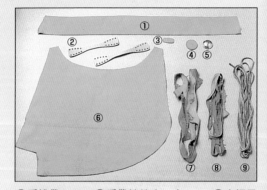

①肩揹帶×2　②肩帶接片大、小×2　③皮繩用
補強片B　④飾釦墊片A　⑤飾釦　⑥袋身×2
⑦滾邊用鹿皮繩　⑧肩帶用鹿皮繩　⑨揹帶接片
用鹿皮繩

袋身的縫製

鹿皮質地輕軟。處理切邊時要和布品一樣先向內反摺後縫合，皮革背面不外露是設計重點。

1 將間距規調至20mm寬，在袋身開口處的背面劃出黏份記號線。

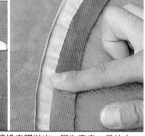

2 黏份貼上膠帶後，塗上橡皮膠，注意不要讓橡皮膠溢出，因為鹿皮一旦沾上黏膠後就無法清除乾淨。

3 待橡皮膠至半乾，將膠帶撕除，沿著記號線摺入。鹿皮非常柔軟，可以簡單地摺入黏合。

POINT

塗有黏膠的部份可以利用塑膠袋保護，避免作業時沾黏到其他部位。

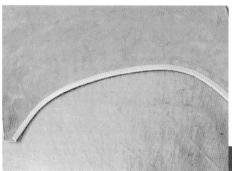

摺入部份以皮槌自背面敲打黏著。

4

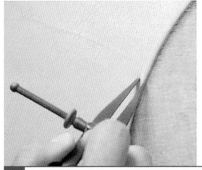

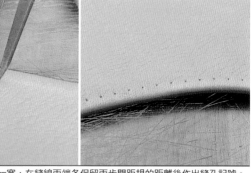

5 在反摺的光面部份，以間距規劃出5mm寬的縫線記號。

6 將間距規調至6mm寬，在縫線兩端各保留兩步間距規的距離後作出縫孔記號。

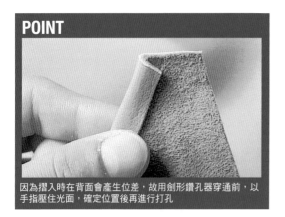

POINT

因為摺入時在背面會產生位差，故用劍形鑽孔器穿通前，以手指壓住光面，確定位置後再進行打孔

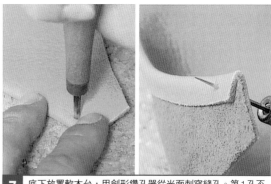

7 底下放置軟木台，用劍形鑽孔器從光面刺穿縫孔。第1孔不用穿通，從第2孔開始穿通。

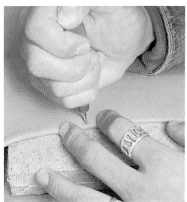
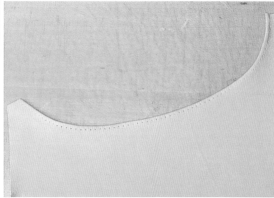

依序打孔，作業時要注意避免歪斜。右圖為全部打孔的狀態。

8

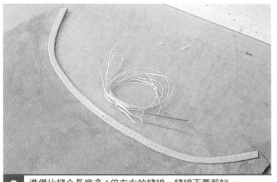

9 準備比縫合長度多4倍左右的縫線。縫線不要剪短。

利用固定夾將鹿皮拉平定形。不要過度拉扯皮革，只要將柔軟容易變形的鹿皮保持原有形狀即可。

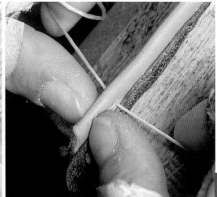

因為前端要重疊2針，所以要從第2孔的位置開始作回針縫。拉線時拇指壓住縫孔輕輕拉線。過度用力可能會使皮革變形。

10

以平針縫縫合。縫得平整美觀的技巧在於縫入時左右針的順序要固定。

11

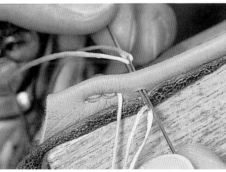

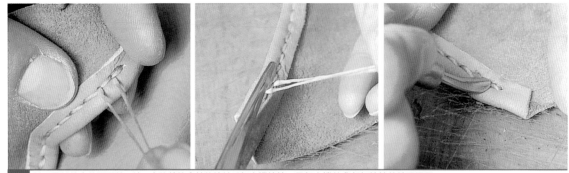

12 縫至最前端之後要回縫2針,之後剪掉多餘的線並以打火機燒熔。用打火機的背部把燒熔的線頭壓平。

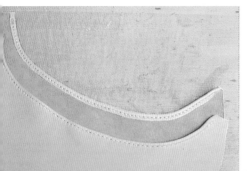

13 依照 **1** ～ **12** 作業程序完成的袋身正面、背面的狀態。

14 將間距規調至6mm寬,在袋身光面劃出黏份記號線。

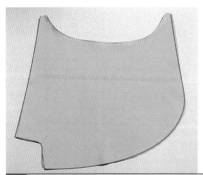

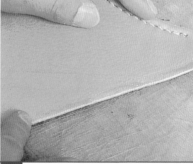

15 紅線部份為間距規劃出的黏份。這個部份要貼上滾邊用的底皮繩。

16 為避免超出劃線的區域,先在光面的邊緣塗上橡皮膠。

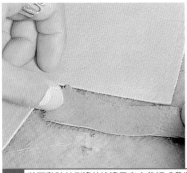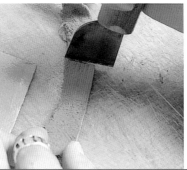

17 將要黏貼於側邊的滾邊用鹿皮裁切成帶狀。配合側邊的長度用裁皮刀切成2片（袋身正面、背面）。

將間距規調至6mm寬，將 **17** 裁好的2片鹿皮光面劃上黏份記號線，塗上橡皮膠後貼在袋身光面的側邊部份。

18

在貼好2片鹿皮的皮革背面塗上橡皮膠。將剩餘的鹿皮繩雙面劃上6mm寬的黏份記號線，並在光面塗上橡皮膠。

19

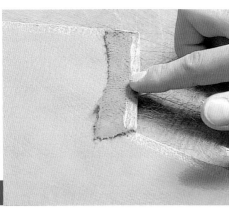

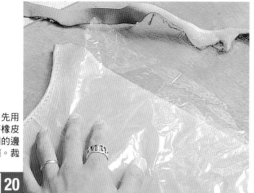

為防止皮革髒污，先用塑膠袋保護已塗好橡皮膠的袋身，從外圍的邊端開始黏貼鹿皮繩。裁切面要對齊。

20

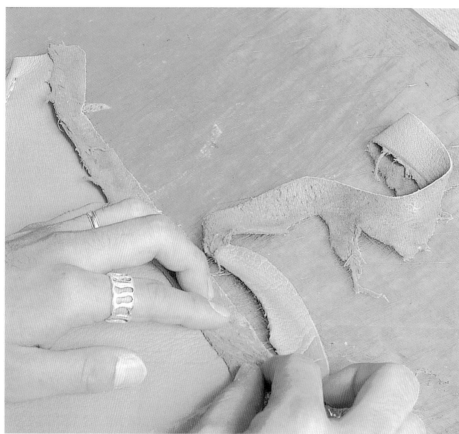

滾邊的最初和最後部份，將鹿皮繩從袋身朝向外側方向並露出切邊黏貼，靠近袋口的部份則先空下來。等到袋身縫合後翻到正面時，這個露出的皮繩切邊就會成為滾邊的裝飾。

21

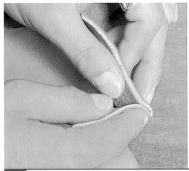

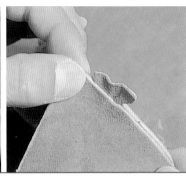

22 貼合側邊的裁切口。此時將側邊外側的鹿皮繩稍微露出。

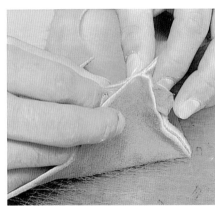
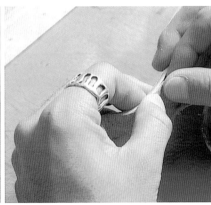

側邊黏貼完後，繼續貼外圍的
鹿皮繩。

23

到最後的部份先空下來
不要貼皮繩，在袋身接
近袋口的外側讓鹿皮繩
稍微露出即可收尾。將
鹿皮繩從袋身的背面沿
著線條以裁皮刀裁切。

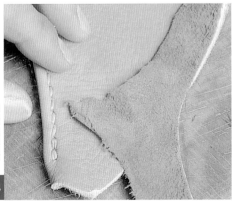

24

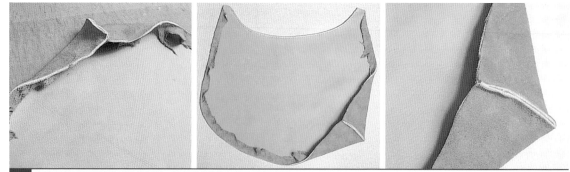

25 側邊和外圍分別使用不同的皮繩，袋身完成滾邊前置作業的狀態。

另一片袋身也同樣地以調至6mm寬的間距規在光面、與外圍及 **17** 中裁好的鹿皮光面劃出記號線，並塗上橡皮膠。

26

27 與 **22** 同樣地在側邊的裁切部份貼上鹿皮繩，並讓皮繩稍微露出於側邊外部。

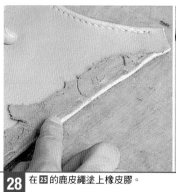

28 在 **25** 的鹿皮繩塗上橡皮膠。

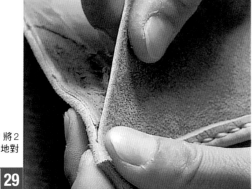

皮繩塗好黏膠後，將2
片袋身從前端小心地對
齊貼合。

29

側邊的位置也要完全對齊貼合。

30

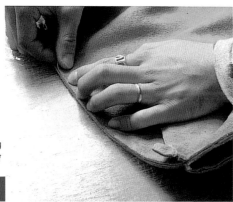
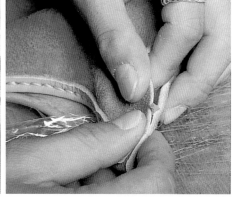

黏貼到剩下約15cm的
地方，再由終點貼起會
合。

31

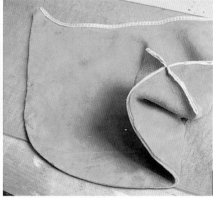

將 **22** 與 **27** 於側邊露出的鹿皮繩對齊袋身線條裁剪。

32

33 間距規調至5mm寬,在外圍劃出縫線。

34 間距規調至6mm寬,作出劍形鑽孔器打孔的記號。因為鹿皮質軟,必須用力將間距規刺入才能作出記號。

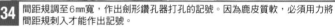

POINT

側邊要撐開的部份必須與底部的邊角吻合。在側邊邊緣處打出記號孔。

35 將軟木台置於鹿皮下方，以劍形鑽孔器依記號打孔。

36 將側邊部份攤平，以間距規在距離切邊5mm的位置劃出縫線。

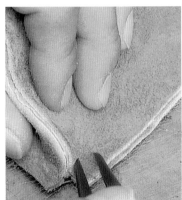

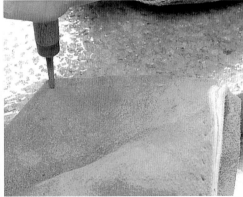

外圍同樣地在側邊劃出距離6mm寬的縫線記號。利用軟木台墊高後以劍形鑽孔器鑿孔。

37

以固定夾夾住袋身，用袋身4倍半長度的縫線開始縫合。第1針繞縫2圈，前3針都重覆2針藉以補強。

38

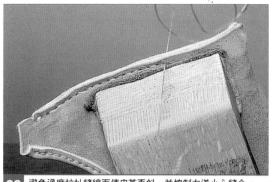

39 避免過度拉扯縫線而使皮革歪斜，並控制力道小心縫合。

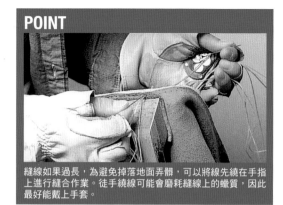

POINT

縫線如果過長，為避免掉落地面弄髒，可以將線先繞在手指上進行縫合作業。徒手繞線可能會磨耗縫線上的蠟質，因此最好能戴上手套。

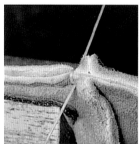

40 縫至側邊時，在與底部交差的位置先繞縫1針後，再分別左右各縫側邊1針

縫針從側邊穿出，依縫孔縫合外圍部份。
第1針需繞縫，這樣可以增加側邊強度。

41

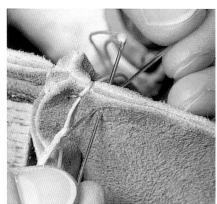

接著以平針縫縫合。至最後則
以重覆2針作為補強。

42

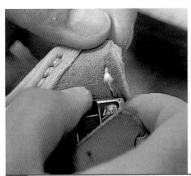

43 將線頭多留數mm，以打火機燒熔。熔解的線頭以壓叉器壓至與縫針處密合。

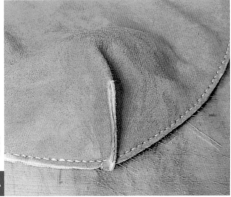

袋身外圍縫合完畢的狀
態。接著進行側邊部份
的縫合。

44

以向著袋身中心的方向開始縫
合，從外側向側邊進行。最初
1針需繞縫2圈，前2針則以回
針縫縫合。

45

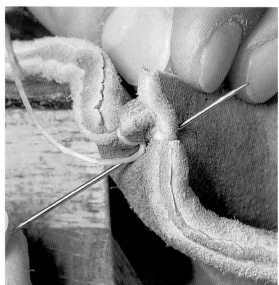

46 縫至碰到外圍的側邊終點時，從中心向左右各縫1針。

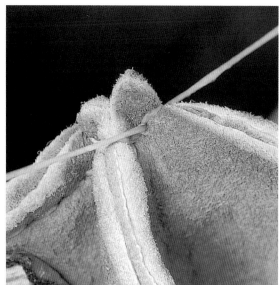

47 穿出外圍的縫針直接繼續縫另一個側邊。側邊縫合的第1針以繞縫來增加強度。

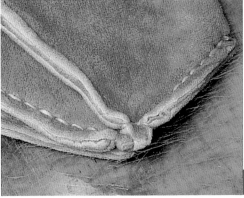

縫到最後重覆回縫2針再剪掉
縫線，以打火機燒熔線頭並壓
平。

48

外圍、側邊縫合完畢
後，兩手輕輕拉平縫
線，使其均勻平整。

49

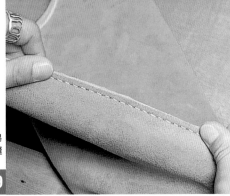

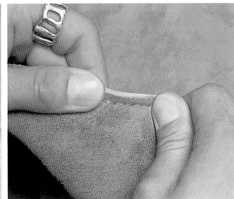

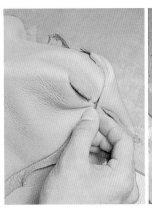

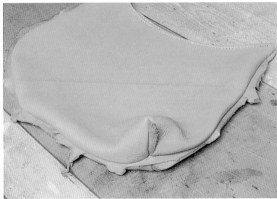

從袋口將皮革翻回正面。側邊
圓弧部份則以手指從內側輕推
出成形。

50

揹帶接片的裝置

連接袋身與揹帶的接片是由2部份零件組成，能使揹帶的活動更自由。

將連接肩揹帶與袋身的接片作修邊處理後，切面塗上床面處理劑。

1

將塗好處理劑的切面以棉布打磨出光澤。

2

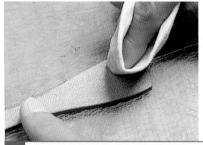

3 背面同樣以處理劑打磨使毛草平順貼服。

4 將紙型置於光面，依照打孔位置作出記號，底部鋪上橡膠墊後以12號圓斬打出穿鹿皮繩的孔。

POINT

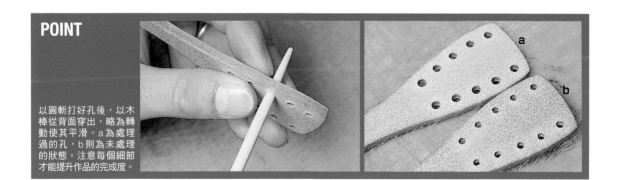

以圓斬打好孔後，以木棒從背面穿出，略為轉動使其平滑。a為處理過的孔，b則為未處理的狀態。注意每個細節才能提升作品的完成度。

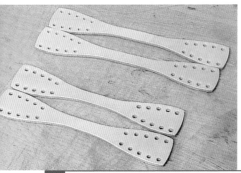

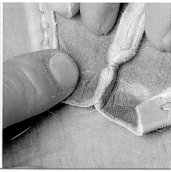

5 揹帶接片前置作業完成的狀態。大小各一分別進行組合。

6 將空出2針未縫的外圍前端和尾端，在各1針的位置向內摺，準備裝上接片。

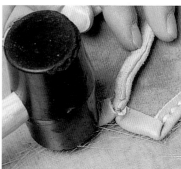

7 摺入的背面部份塗上橡皮膠後以木槌敲打黏著。不是為了補強，而是作為防止皮革背面外露的處理。

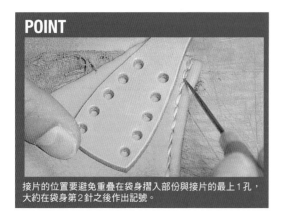

POINT

接片的位置要避免重疊在袋身摺入部份與接片的最上1孔，大約在袋身第2針之後作出記號。

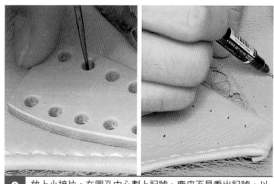

8 放上小接片，在圓孔中心劃上記號。鹿皮不易看出記號，以油性筆畫記較便於作業。

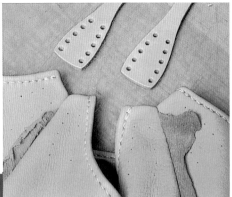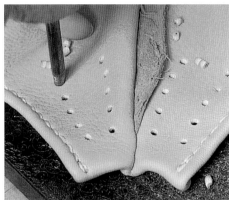

在袋身正、反面的左
右各作出接片位置的
記號，並以10號圓斬
打孔。考慮鹿皮的延展
性，在袋身打孔時宜選
用比號數略小的圓斬。

9

準備裝置揹帶接片用的鹿皮繩
約700 mm，噴濕後用手掌搓推
使皮革延展。

10

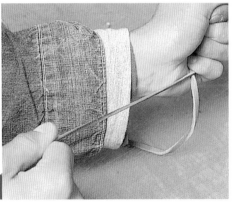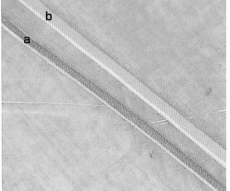

再以雙手拉長皮繩，使
其充分延展。a為拉長
後的皮繩，b為未處理
狀態。藉由拉長處理可
使皮革延展約一成的長
度，能防止縫製後的鬆
弛現象。

11

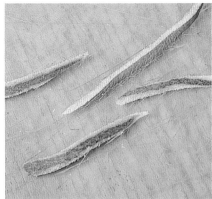

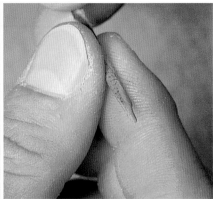

將 **11** 處理過後的皮繩兩端斜切。切口塗上床面處理劑,並以手指揉乾。塗抹處理劑可使柔軟的前端便硬,在穿入縫孔時較易作業。

12

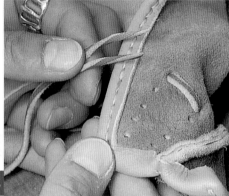

將皮繩分別從袋身內側穿出。接片要從前端往中心方向編縫。

13

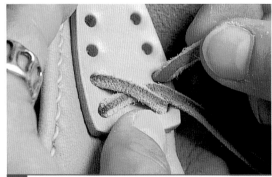

14 如同綁鞋帶一樣將皮繩交互編縫,作業時邊將皮繩的背面調整到正面,並拉緊編縫。

POINT

皮繩穿不進縫孔時,可以利用圓錐將孔略為擴張後,再以縫針將皮繩壓入。

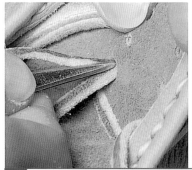 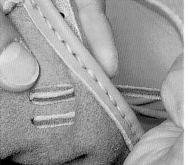 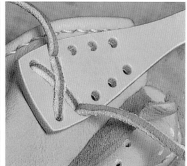

15 將皮繩在正面交叉後編縫穿到背面後，將左右的皮繩各往逆向孔穿入。1個縫孔皮繩會穿過2次，背面則如中間照片所示，皮繩不會呈現交叉而是重疊的狀態。

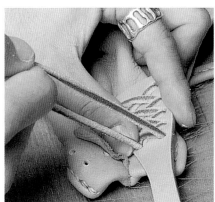 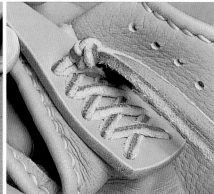

如照片中縫至最後，打上堅固的死結並將前端斜切。打結的種類很多，只要能夠強力固定皮繩即可，依喜好決定採用何種方式。

16

將接片摺彎，另一邊也同樣編好皮繩。右側照片為完成 **13**～**16** 作業程序後的狀態。

17

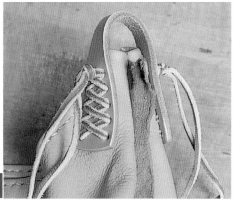 

揹帶的製作

揹帶與袋身同樣以鹿皮製作。連結揹帶接片與揹帶用的鹿皮繩必須事先充份延展，確認支撐強度後再進行製作。

以手指在肩揹帶皮革零件的背面塗上橡皮膠後仔細對摺貼合。

1

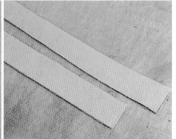

2 以木槌敲打使其密合。另一條肩揹帶也以同樣程序完成貼合作業。

3 前端部份不另行處理，可依照個人喜好裁切或加以縫飾。

POINT

本程序重點在於將揹帶前端摺彎安裝揹帶接片，也可依個人喜好不摺彎前端直接裝上接片，再按照接片形狀修剪揹帶。

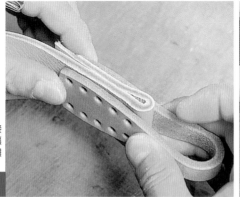

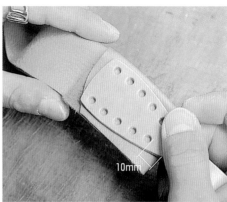

摺彎揹帶前端，套上接片。調整接片位置，讓接片的縫孔大約在距離揹帶約10mm處。

4

10mm

5 確認摺入的長度後，在摺入位置作出記號。另1條揹帶則參考完成後的揹帶來作調整。

6 摺合後的部份塗上橡皮膠，待膠半乾。

依 **5** 劃出的記號摺入，並以木槌敲打黏著。

7

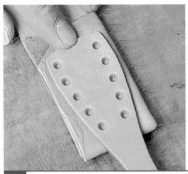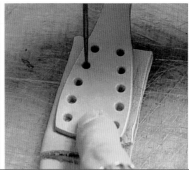

8 將接片置於中央，並劃出接片位置的記號，以10號圓斬打孔。

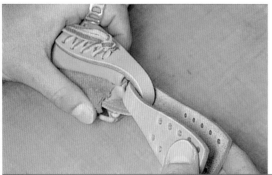

9 將大接片穿過P91的 **17** 中裝在袋身的小接片上。

10 將鹿皮繩依照揹帶內側→揹帶→接片 　的順序穿過。如果不好穿通，可以用縫針壓入。

11 袋身上小接片與肩揹帶上大接片組合完成的狀態。鹿皮繩的編法有很多種，是作品上的重要裝飾點，不妨多花些工夫學習編繩技巧。

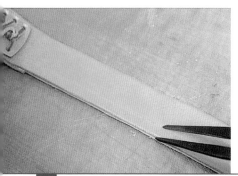
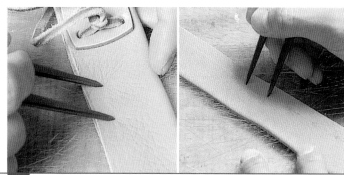

12 將間距規調至10mm寬，在切邊劃出縫線。注意不要劃歪。

13 沿著劃號的線，以20mm的間隔作出縫孔位置的印記。如果看不清楚記號，可以用油性筆畫記。

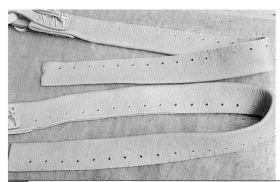
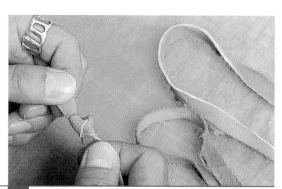

14 連結袋身的2條揹帶以10號圓斬完成打孔的狀態。這些孔是要讓鹿皮繩穿過用的。

15 準備15mm寬、2倍揹帶長的皮繩，在尾端打上能卡住孔的結。

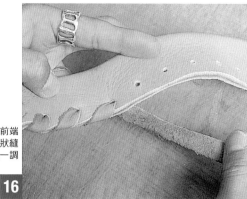
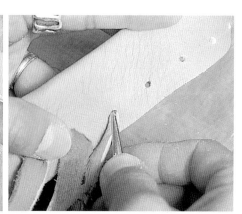

使用縫針，從揹帶前端開始將皮繩以螺旋狀縫入。每縫5針就逐一調整皮繩的狀態。

16

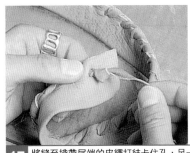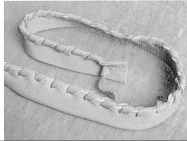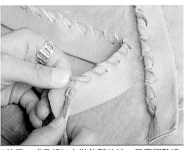

17 將縫至揹帶尾端的皮繩打結卡住孔,另一邊的皮繩也同樣處理後即完成。想要將揹帶弄短使用,或是想加上裝飾配件時,只要調整這部份的皮繩即可。

裝置飾釦與固定繩

皮革邊繩是揹包上重要的裝飾。請搭配整體效果作適度的長度調整。

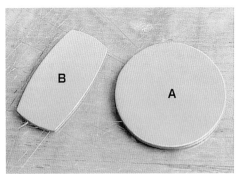

參考紙型,裁切出皮繩縫孔的補強皮墊(B)與飾釦墊片(A)。調整間距規至5mm寬,從A中心點劃出5mm寬的2個記號點。

1

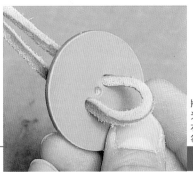

10號

8號

飾釦中心螺絲要穿過的孔以8號圓斬、鹿皮繩要穿過的孔以10號圓斬打孔。

2

將適長的鹿皮繩從光面穿過縫孔,左右兩邊的長度要均等。

3

4 用起子將飾釦的公螺絲插入中央的孔內。母螺帽內塗上螺絲黏劑後鎖入公螺絲固定。

POINT

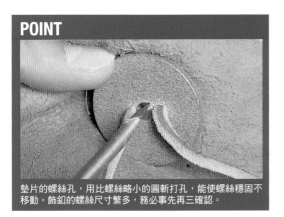

墊片的螺絲孔,用比螺絲略小的圓斬打孔,能使螺絲穩固不移動。飾釦的螺絲尺寸繁多,務必事先再三確認。

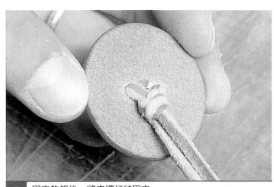

5 固定飾釦後,將皮繩打結固定。

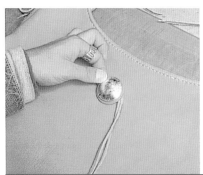

6 將飾釦置於袋身正面喜歡的位置,確認裝置位置。

7 決定裝置位置後,將間距規調至10mm寬,並在袋身劃出記號。墊上橡皮板,以10號圓斬打孔。

8 移開膠板，從袋身正面打好的孔用圓錐在背面作出孔的位置記號。在記號處放上皮繩縫孔補強皮墊B。

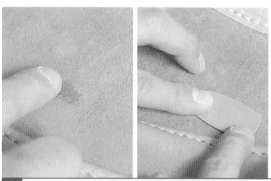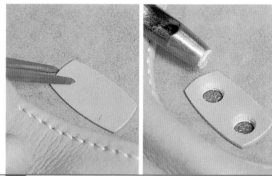

9 在背面記號處塗上橡皮膠，貼上B。這部份只是暫時的接著，因此用少量黏膠即可。

10 在B的前端10mm的位置作出記號，以30號圓斬輕壓確認位置後，以木槌敲打鑿孔。

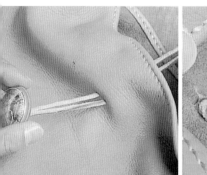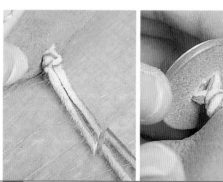

11 將飾釦的固定繩各穿入袋身的孔內，在背面打結固定。打結方式以能夠確實固定的死結即可。

12 將多餘的鹿皮繩斜切，並調整好飾釦方向。

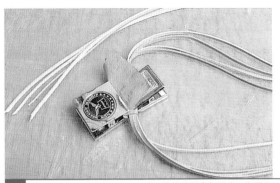

13 將4條170㎝的皮繩，在3分之1長的位置束起固定。為避免夾子傷及皮革，可墊上皮墊。

14 將皮繩固定在桌上，從較長一邊開始編辮。

POINT 四條繩辮的編法

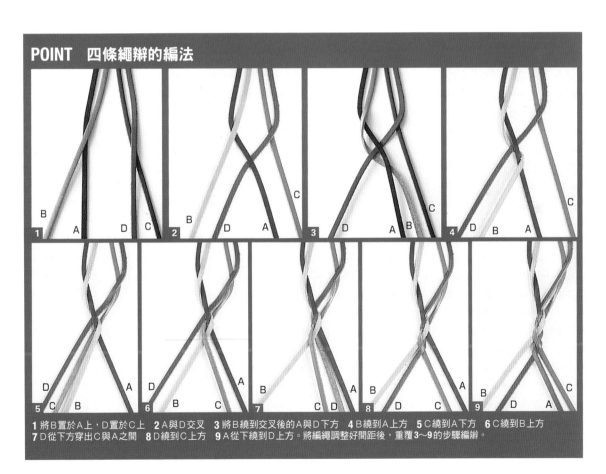

1 將B置於A上，D置於C上 **2** A與D交叉 **3** 將B繞到交叉後的A與D下方 **4** B繞到A上方 **5** C繞到A下方 **6** C繞到B上方
7 D從下方穿出C與A之間 **8** D繞到C上方 **9** A從下繞出D上方。將編繩調整好間距後，重覆3～9的步驟編辮。

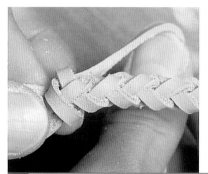

15 編到超過一半的時候先暫時固定。

16 將還沒編的另一半皮繩,從袋身內側的孔向外穿出。取下固定皮繩的夾子,將編好的皮繩穿出孔大約一半的長度。

17 解開 **15** 中暫時固定的結。

18 將 **17** 中解開的皮繩,從另一孔的內側向外側穿出後開始編四條辮。還沒編的部份則暫時綁住固定。

POINT

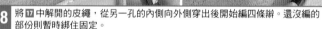

以穿過袋身孔的位置為基準,確認左右兩邊的皮繩是否等長,再繼續繞編繩。

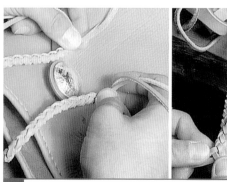

19 編至足以到達固定飾釦的長度後,將兩邊皮繩合為一束編製8條繩辮。或是用縫繩直接捆綁固定。

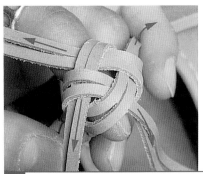

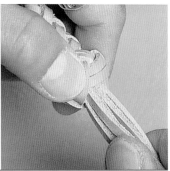

20 打飾結固定。在繞出的輪圈中,將相鄰的各2皮繩依箭頭方向插入。

21 將插入的皮繩,再各自從底部插入球體中心,如左邊照片的箭頭方向拉出。全部的皮繩都穿出後拉緊固定。

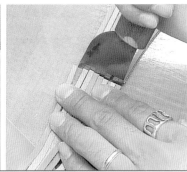

22 編製完成後,將皮繩套上飾釦,確認長度是否適宜。依照整體比例,以裁皮刀裁切。此處介紹的是直接切去多餘長度的皮繩,也可依個人喜好斜切或是加上串珠裝飾。

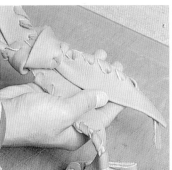
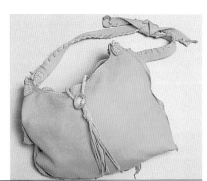

23 在接片上的皮繩加上喜歡的珠飾後打結固定。2條肩揹帶則依個人身型調整綁出適當的長度。

24 鹿皮肩揹包完成。柔軟的皮質會隨時間產生變化,是件越用越有味道的作品。

尺寸圖

此尺寸圖放大625%即為原來尺寸。依照皮革種類及不同厚度可適度調整。

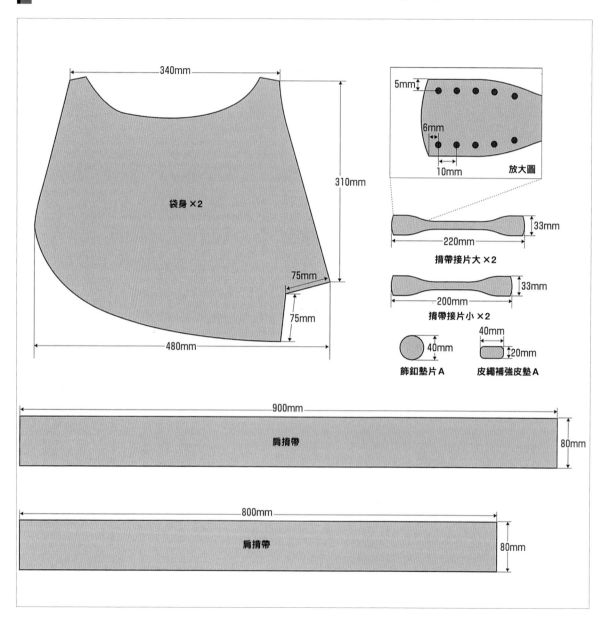

SPECIAL THANKS

不論是皮革還是機車，完全分解造就完全吸收，如此才能不間斷地創新作品

KUNIYA FUJIKURA

藤倉　邦也

從裁切到縫製，堅持全程手工作業的藤倉先生。難以仿效的高難度皮編技法，以及充滿探索活力的設計，每項作品都充分展現藤倉對皮革的熱情與投入。

以木製的糖果車作為標誌的ダランドゼロ。藤倉先生以原木色調裝潢工作室兼店鋪的室內空間，在木質溫暖的氣氛中，坐鎮中央的招牌哈雷機車，熱情迎接每位前來的顧客。

壁面展示店長自豪的皮編手環、原創皮夾等大小作品，藤倉先生從不認為店內的作品是已經成熟的創意成品。

「作品製作終了並不代表真正的結束，我期待使用者對皮革產生更多的喜愛」，秉持著這份信念，不間斷地思索創作出讓使用者持續對皮革熱愛的作品。完全不使用機械的純手工作業，故接受訂單後需要更多時日。除了店內經典的皮夾、背包款式之外，更提供多種深具ダランドゼロ精神的創意概念，以期加深與訂製者間的溝通。也可透過網路購買，但是多款僅限店面販售的作品，以及經由時間使皮革產生變化的特殊作品，都希望愛好者能親臨現場發現皮革細工之美，也更能感受製作者所要傳達的熱情與理念。

1 可收納香煙與 Zippo 打火機的煙盒　2.3 不使用五金具的經典長夾。內部即使放滿物品，仍然可維持優雅線條的完美設計　4 中央附有皮繩繩與活動鉤的皮帶鑰匙圈　5 展現皮革精工之美的皮手環　6 正統手槍皮套的造型，實際功能為手機袋

SHOP INFORMATION

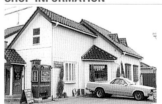

手工皮革細工ダランドゼロ　館林店（工房.SHOP）
日本群馬縣館林市城町 7-27　Tel:0276-73-5443　Fax:0276-73-5443
URL　http://www.grandzero.com/
營業時間　12:00～21:00　公休日　星期三

佐野店
櫪木縣佐野市名越町 2058 佐野普雷米安 Outlet 內 Pushcard
營業時間　10:00～20:00　公休日　全年無休

BRIEF CASE

手提包

可容納A3尺寸資料文件的大容量
手提包。使用義式Minerva Box與
Buttero，除了提升作品的高級感
外，也使作品增添休閒元素。絕妙
的融合設計，讓作品的使用範圍更
為廣泛。

從公事到休閒
均可自在使用的實用設計

　　東京·下北澤的DEOS所製作的這款手提包，選用
軟皮以避免刻板造型，增添休閒氣氛。表面為1.3mm
的植物鞣革，裏面則採用0.6mm的鉻鞣革。基本作業
程序只要將表面與裏面皮革逐一縫合後，再加上拉
鍊即可。在拉鍊與皮帶等看不見的細節處理，讓作
品的完成度更高。此外，特別選用植物鞣革來強調
皮革的柔軟度。實際作業時，如果沒有植物鞣革，
內外均使用鉻鞣革也無妨。

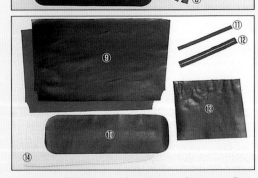

①拉鍊　②隱藏片　③皮帶頭　④提把　⑤皮
帶固定片A ⑥原子釦　⑦皮帶固定片B ⑧直皮
帶.橫皮帶　⑨袋身　⑩底革　⑪上革　⑫拉鍊
⑬口袋　⑭底層片

內袋的裝置

首先裝置內側有拉鍊的內袋。此部份由上革、拉鍊、口袋袋身等3個零件構成。

1 內袋要如照片所示裝在袋身內側。首先將上革與口袋袋身作修邊處理。

2 修好的切邊用水稍微打磨,塗上邊油待其乾燥後以菜瓜布打磨。

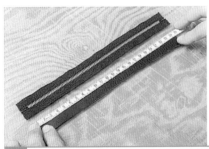 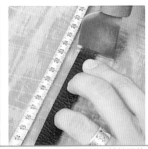 

3 依照拉鍊長度裁切上革。這次是使用沒有拉鍊頭的配件,也可選用附有拉鍊頭的既製品。

4 在拉鍊裝上拉鍊頭。不需要刻意選用附有拉鍊頭的配件。

   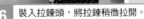 

5 將尾端固定夾緊,並以木槌敲打密合。此時要避免過度敲打而使布面破損。

6 裝入拉鍊頭,將拉鍊稍微拉開。

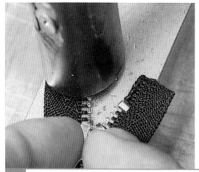

7 插入拉鍊頭之後，在尾端部份嵌入，並以木槌敲打固定。

8 將尾端多餘的拉鍊布摺下並以打火機燒熔固定。因為拉鍊布的材質大多是尼龍纖維，所以遇火會產生熔解。

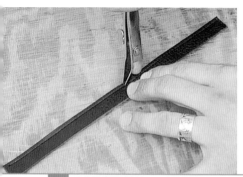

9 在上革的外圍劃出3mm寬的縫線。

10 沿著邊線器劃出的縫線以菱斬鑿孔。拉鍊布上如果有孔，拉鍊就無法使用，所以打孔時注意不要打到拉鍊布上。

11 打好孔後，在上革貼上2mm寬的雙面膠帶並與拉鍊貼合。利用菱斬將雙面膠帶貼上，注意不要塞進孔內。

12 以細線縫合。因為皮革薄，不適合使用粗線。

POINT

上革的材質又薄又軟，容易皺縮。因此在縫合時要隨時拉平皮革。

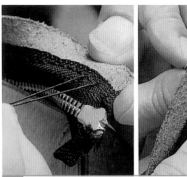 

13 最後2針要回縫2針，在內側剪去兩邊的線頭。剪好的線以打火機燒熔固定。

14 在口袋袋身背面4邊上，劃出20mm寬的線。因為內側是使用鉻鞣革，請以銀筆劃線。

15 在劃出20mm寬的線的部份薄塗橡皮膠。為避免沾到正面或桌面，可置於桌邊塗抹。

16 4邊摺出10mm寬的摺份。先摺下方，再摺左右，最後摺上方。摺好後再以槌子敲打黏合。

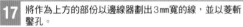
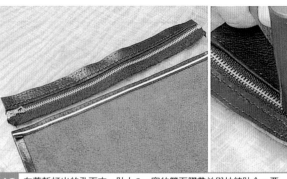

17 將作為上方的部份以邊線器劃出3mm寬的線，並以菱斬鑿孔。

18 在菱斬打出的孔下方，貼上2mm寬的雙面膠帶並與拉鍊貼合。要特別留意袋身與拉鍊不可貼歪。

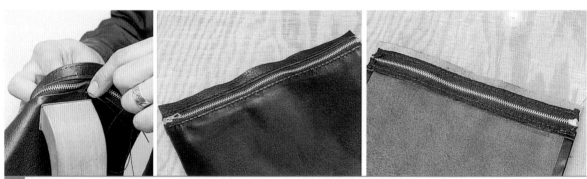

19 縫合口袋袋身與拉鍊。此處也要像縫合上革時同樣地不要過度拉線，避免讓皮革皺縮，並要隨時查看是否平整。

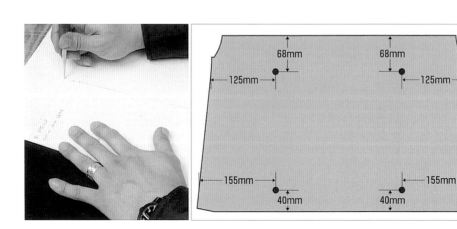

在內袋身作出裝置口袋的記號。右圖即為裝置位置。可以當作參考紙型。

20

21 在口袋內側貼上2mm寬的雙面膠帶，並依照內袋身的記號貼合。

POINT

雙面膠帶要貼在菱斬打孔位置的內側。膠帶和孔重疊時，縫針會無法穿過。

22 利用邊線器在口袋袋身的左右及下方劃出3mm寬的縫線。

23 在上革與口袋袋身打孔。透過上革先打好的孔，將菱斬再次插入至內袋身打孔。

24 沿著上革與口袋袋身打出呈ㄈ字型的縫孔。

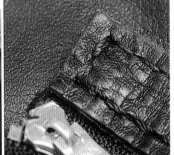

25 首先將上革縫至ㄈ字型縫孔上。前端和尾端的2針都要回縫2次。

縫合口袋袋身。從第2個縫孔將線穿入，回縫至第1針後再往前進行。因為皮質柔軟，需要不時檢查是否平整。

26

POINT

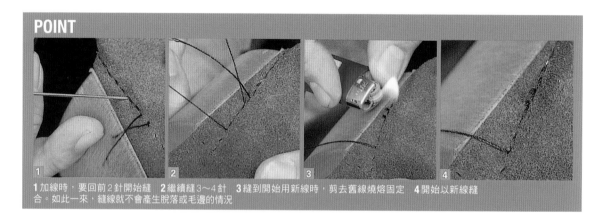

1 加線時，要回前2針開始縫　**2** 繼續縫3～4針　**3** 縫到開始用新線時，剪去舊線燒熔固定　**4** 開始以新線縫合。如此一來，縫線就不會產生脫落或毛邊的情況

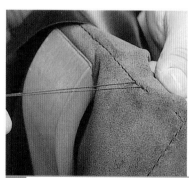

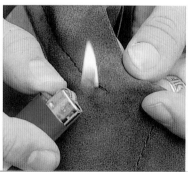

27 最後2針以回針縫合，兩邊的線都穿至背面後剪掉燒熔固定。至此口袋的裝置作業即完成。

內袋身的縫製

縫合成為袋身內側的內袋身。首先縫合左右，再縫上底革成為袋狀。

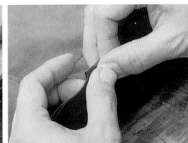

1 在內袋身的兩側貼上2mm寬的雙面膠帶，並與另一片袋身貼合。先貼兩端，之後黏貼中央再與兩端貼合。

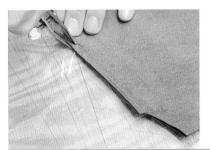
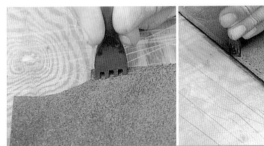

2 將邊線器調至5mm寬，在已貼合的兩端劃出縫線。

3 依照縫線以菱斬打孔。前端大約空下5mm再開始打孔。注意孔線不可歪斜。

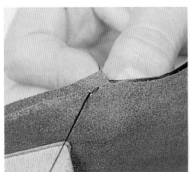

4 縫合內袋身。開始縫時，縫線先在上方繞2圈後開始縫。袋身的兩側也以菱斬打孔並縫合。

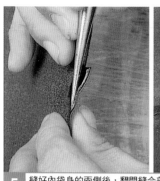
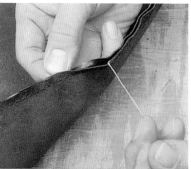

5 縫好內袋身的兩側後，翻開縫合部位，撕掉雙面膠帶。

6 在縫合處的外側，薄塗橡皮膠。

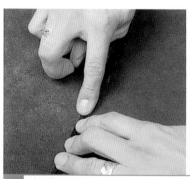

7 塗好黏膠後壓平貼合。先以手壓平再用木槌敲打密合。只要敲打突起的部位即可，敲打平整處會產生痕跡。

8 在內袋身的下方與底革的5mm寬處刮粗皮革。這裡的光面要貼合，刮粗後則有助於提高黏合度。

9 用銀筆在上下左右的中心點作記號。這是作為貼合內袋身與底革中心的記號。

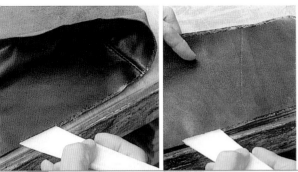

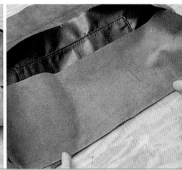

10 在劃出的5mm寬部份塗上橡皮膠。薄塗即可。

11 貼合內袋身與底革。先黏合 **9** 劃出的中心點,再往左右各黏合100mm。

12 貼好下方後再黏合上部,之後再黏貼兩側。上方和兩側都要對齊中心點黏貼。

13 將邊線器調至8mm寬並劃出縫線。內袋身的8mm寬縫合線是重要關鍵。

14 劃好縫線後,以菱斬沿線打孔。

15 縫合內袋身與底革。最初以回針縫合,最後的3針也以回針縫合。因為縫合距離長,建議分成2個半圈來縫較為容易作業。

皮帶類的製作

要固定提把必須將皮帶裝置於袋身上。一面2條皮帶，共計要裝置4條皮帶。

1 利用削邊器處理皮帶固定片A與B的毛邊。
光面和背面都要修邊。

2 切邊沾水並以乾菜瓜布打磨，再塗上邊油打磨。背面也塗抹
處理劑後以玻璃板磨順。

3 裁切295mm長的直皮帶。共裁切4條。

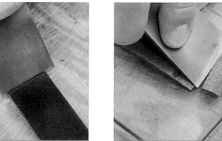

4 一端斜削。這是夾在袋身與底革的部份，請控制好適當的厚
度。

5 利用削邊器處理好4邊正反面的毛邊，並磨平切邊與背面。切邊沾水以乾菜瓜
布打磨，背面塗上處理劑後用玻璃板磨平。

6 將直皮帶、皮帶固定片A.B、隱藏片等全
部都以削邊器處理好毛邊。

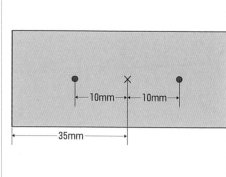

在直皮帶皮帶頭要穿過
的孔的位置作出記號。
位置如右圖。4條都要
作出同樣記號。

7

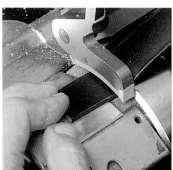

8 把 **4** 中沒有削薄的一端削成2mm厚，之後在前端斜削。這個部份要摺彎穿入皮
帶頭。

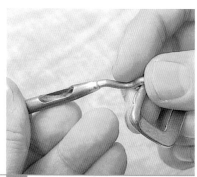

9 依照實際上要使用的皮帶頭針來選擇圓斬
尺寸最為確實。

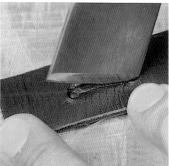

10 利用圓斬在 **7** 作的記號位置打孔。打好2個孔之後，在中間以裁皮刀或刀片劃
開。

11 將要作為裝皮帶頭的前端切角。

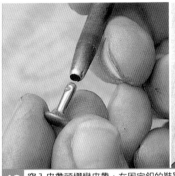
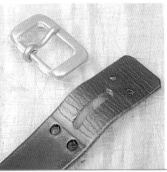

12 穿入皮帶頭摺彎皮帶，在固定釦的裝置處作記號打孔。選擇符合固定釦的圓斬尺寸。也可以在這個階段進行縫合。

13 將2條直皮帶重疊，用皮帶固定片B環繞確定口徑大小。

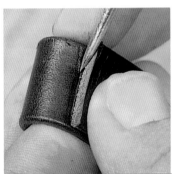

14 決定口徑大小之後作上記號，將兩端斜削。光面和背面削成可以重疊的狀態。

15 以圓斬在前端距離5mm的位置打孔。

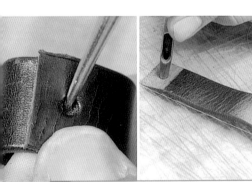
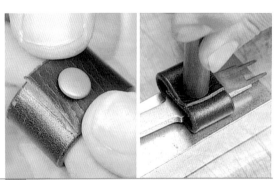

16 對齊 14 的記號，將固定片B捲起，作好記號以圓斬打孔。

17 裝上固定釦。先在固定片B下方墊入薄鐵片，再以平凹斬打好固定釦。

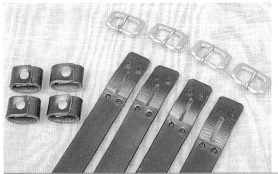

18 作出4組直皮帶和皮帶固定片B。

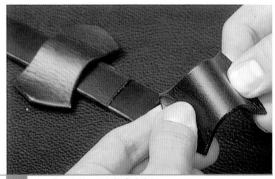

19 將皮帶固定片A輕輕摺彎略定型。

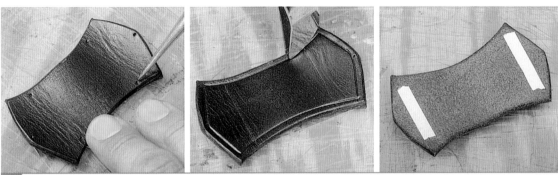

20 在固定片A的縫線部份作出記號並劃線。劃出的線具有縫線兼裝飾線條功能，以邊線器在3mm寬的位置劃線，背面則貼上2mm寬的雙面膠帶。

將皮帶固定片A貼至袋身。黏貼位置如右圖所示。左邊為完成後，固定片中央隆起，可供皮帶穿過的狀態。

21

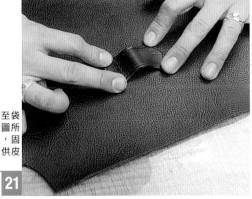

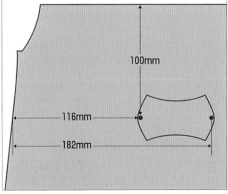

100mm

116mm

182mm

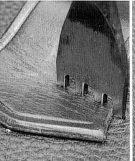
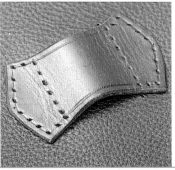

22 在固定片Ａ上打出縫孔。直向的縫孔，上下都要多打1孔。使用雙菱斬或是劍形鑽孔器均可。

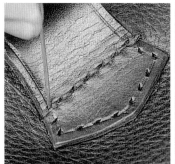
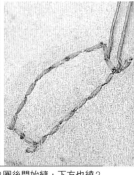

23 縫合皮帶固定片Ａ。首先在上方繞2圈後開始縫，下方也繞2圈後再縫邊。請使用粗線縫合。

24 縫合後以間距輪推平。這樣能使縫線更為美觀。

在裝置直皮帶的位置作記號。位置如下圖所示。

25

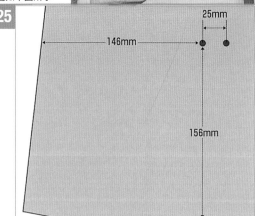

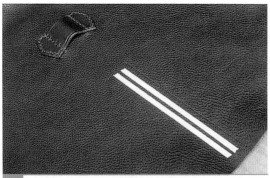

26 依照記號的高度，貼上雙面膠帶。膠帶不要與縫孔重疊，兩端都先空下來。

27 將要裝置直皮帶的袋身下方5mm部份以裁皮刀刮粗皮面。刮粗的部份與直皮帶先端塗上橡皮膠。

 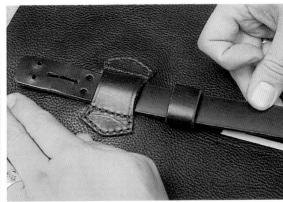

將皮帶固定片B穿過直皮帶，再從下方穿過固定片A。

28

29 撕下雙面膠帶黏合直皮帶。注意不要貼歪。貼合後以木槌敲打密合。

30 在距離下方155mm的位置劃記號線。這裡是縫份的最上緣。

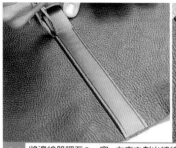

31 將邊線器調至3mm寬，在直向劃出縫線。以菱斬沿縫線打孔。下方空出大約5mm寬。

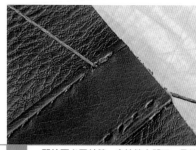

32 一開始不必回針縫，直接縫合即可。最前端也不必縫。

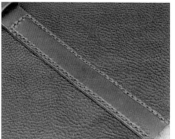

33 最後2針以回針縫合。2條線均由背面穿出，用打火機燒熔壓平固定。

34 4條直皮帶的縫合作業完成。

袋身的縫製

袋身裝置直皮帶與固定片後，縫合底革成為袋狀。與內袋身的作業程序大致相同。

1 將底層片貼至底革上，可防止皮革鬆弛。先撕開底層片的半邊背膠黏貼。

2 繼續慢慢撕開背膠黏貼。一旦發現空氣進入，就要立即壓出氣泡以確保平整。

3 底革全部貼上底層片，並以滾輪壓著密合。

4 裁去多餘部份。注意不要切到底革。

5 將底革的外圍（光面）刮粗5mm寬。外圍刮粗後，以銀筆在上下左右的中心點作記號。

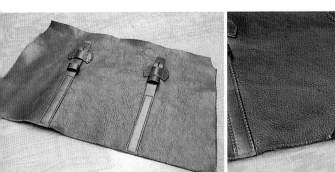

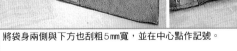

6 將袋身兩側與下方也刮粗5mm寬，並在中心點作記號。

7 在兩側5mm寬的部份塗上橡皮膠。

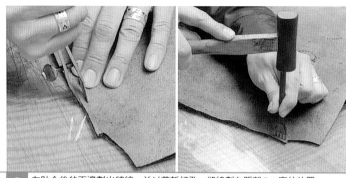

8 黏合兩片袋身。先貼左右再貼中心點。

9 在貼合後的兩邊劃出縫線,並以菱斬打孔。縫線劃在距離5mm寬的位置。

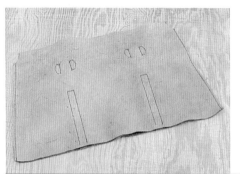

10 縫合後的袋身兩側。上方不需繞縫,下方則要繞縫2圈。

11 在兩側10mm寬的部份塗上快乾膠後壓平黏合。以木槌敲打密合時注意不要在光面留下痕跡,最好墊上軟墊再敲打。

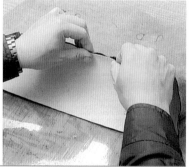

12 將縫合後的袋身下部與底革外圍塗上橡皮膠,對準中心點後貼合。

POINT

作為袋身與底革用的皮革材質如果油份含量多則較易剝落，
一旦塗好黏膠貼合後可利用長尾夾加強固定。

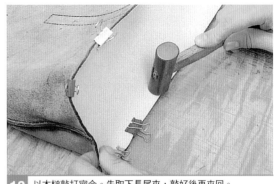

13 以木槌敲打密合。先取下長尾夾，敲好後再夾回。

  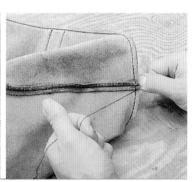

14 將邊線器調至5mm寬劃出縫線。縫線沿袋身劃出，並以菱斬打孔縫合。內袋身在8mm寬的位置縫合。袋身則在5mm處縫合，兩袋的大小不同須特別注意。

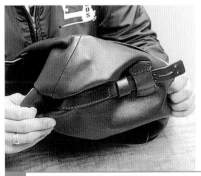 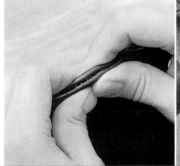 

15 袋身與底革縫好後，翻至正面。

16 將袋身與底革縫合的部份略壓揉成型。再利用抹刀從內側將各角推出。

以木槌敲打袋身與底革縫合的部份使其定型。

17

五金具與拉鍊的裝置

將袋身縫合成袋狀後,開始裝置皮帶頭與原子釦,以及將袋身與內袋身重疊後裝上拉鍊。

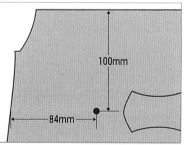

1 在裝置原子釦的位置作出記號,並以圓斬打孔。孔的位置如右圖所示。兩面各2孔,共計要打出4孔。

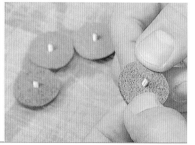

2 以圓斬切出墊在原子釦下面的墊片,中央則打孔讓原子釦穿過。這塊墊片從外表看不到,利用剩餘的皮革即可,為避免表面看出痕跡,盡量選擇較薄較軟的皮革為宜。

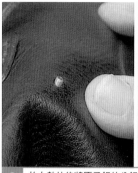

3 放上墊片後將原子釦的公釦從袋身內側穿出，並在前端塗上一點黏膠。

4 栓入母釦，從背面以起子鎖緊。

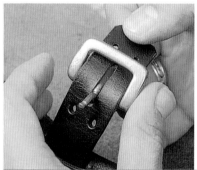

5 直皮帶裝上皮帶頭。裝置時務必確認皮帶頭的固定針要朝上。

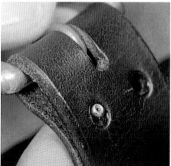
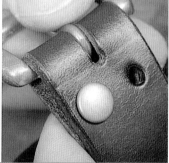

6 裝置完成後將直皮帶摺彎，從背面將固定釦的公釦插入，再從正面把母釦釦上。

7 墊上泡綿墊，以圓斬打孔並裝上固定釦。墊著泡綿墊打孔，可以讓固定釦平整，不會突起而刮傷袋身光面皮革。

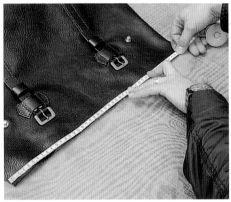

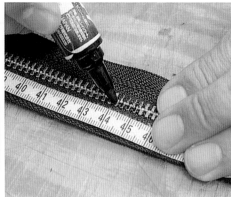

測量袋身開口的長度。長度約為450mm，在距離450mm長的拉鍊內側10mm寬的440mm處以簽字筆畫出記號。這裡用的是分離式拉鍊。

8

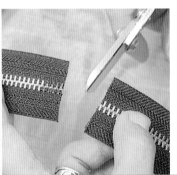

9 將拉鍊在450mm處剪斷。要剪在金屬與金屬之間。

10 塗黑的部份是450mm中的10mm寬。這裡會縫上隱藏片。

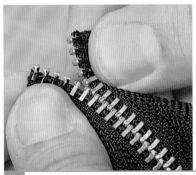

11 以手指拉開拉鍊，打開至塗黑部份即可，不用全部拉開。

12 以鐵剪剪去金屬部份。剪掉的只是有塗黑的10mm部份。

POINT

鐵剪依照片中箭頭所示剪裁。特別注意不要剪到布面。

13 將 9 剪好的布質斷面以打火機燒熔固定。這是防止布邊脫落的處理。

POINT

如果此時拉鍊裂開，可以用手逐一卡入，不須要拉鍊頭也可以用手閉合。

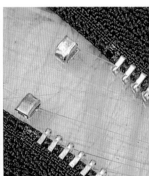

14 可以將原來附的尾端金屬片加以利用。將鐵剪刀刃置於金屬片下方扳開後取下。

15 插入拉鍊頭。

POINT

此處使用的拉鍊附有鎖頭，因此拉鍊頭要朝上才能拉動。可依個人喜好選擇要有鎖頭與否。

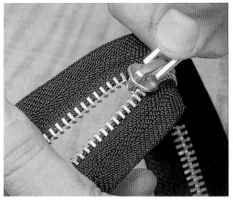

將拉鍊拉開。因為是使用分離式拉鍊，所以可以徒手拉開。

16

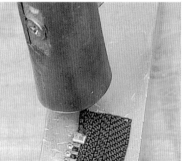

17 在裝上拉鍊那邊的尾端，將 **14** 拆下的固定金屬片插入。以木槌敲打固定。兩邊都裝好固定金屬片後，拉鍊的長度調整作業即完成。

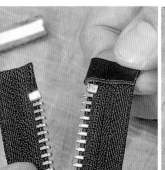

18 在隱藏片的背面貼上雙面膠帶，把拉鍊尾端摺彎黏合。並以木槌敲打以確實密合。

19 在隱藏片上打4個孔，縫合拉鍊與隱藏片。

20 在袋身與內袋身的上方5mm寬處塗上橡皮膠,將內袋身放進袋身。內袋身有口袋的面要朝上。袋身的正反面應依照拉鍊方向決定,這個時候還不會有所影響。

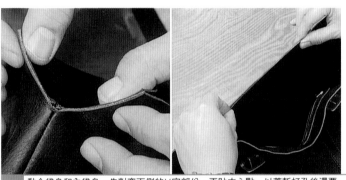

21 黏合袋身和內袋身。先對齊兩側的ㄨ字部份,再貼中心點。以菱斬打孔後還要再剝開一次,所以不需要壓太緊。

22 將邊線器調至3mm寬,劃出縫線。兩面都要劃線。

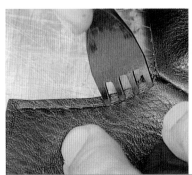

23 對齊邊線器劃好的縫線,以菱斬打孔。為避免打孔時穿透到另一面的袋身,因此中間最好先墊入橡皮墊。兩面都要打孔。

24 完成打孔後，剝開袋身與內袋身。此時，側邊的V字部份可以不用剝開。

25 在剝開的內袋身背面，貼上2mm寬的雙面膠帶。

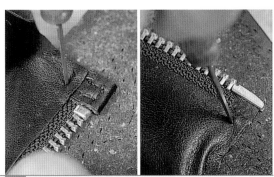

26 拉鍊貼到雙面膠帶上。如果是以右手提包包，要露出的那面作為正面的話，拉鍊拉合後拉鍊頭應該要在前方。

27 用劍形鑽孔器將隱藏片重疊的部份與拉鍊前端較硬的樹脂部份打孔。

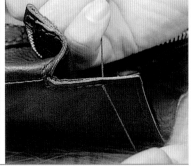

28 從V字型的底部開始縫合拉鍊與袋身。因為拉鍊布上沒有打孔，所以縫合時要先將袋身和內袋身的孔對準。拉鍊和袋身沒有事先黏貼，所以縫合時要特別注意是否有產生歪斜。

29 接著將另一邊的袋身和內袋身拉開。

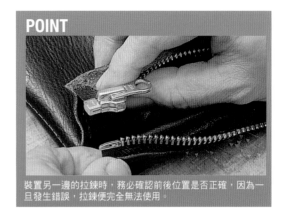

POINT

裝置另一邊的拉鍊時,務必確認前後位置是否正確,因為一旦發生錯誤,拉鍊便完全無法使用。

30 在內袋身的背面貼上雙面膠帶,並黏貼拉鍊。

31 繼續 **28** 的縫合作業。加入縫線的方法如P110。最後以回針縫縫至背面剪線後燒熔固定。袋身的縫合作業完成。

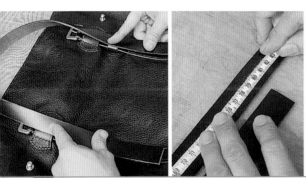

32 裝置提把。提把長度依個人需求決定,這裡是準備800mm長。

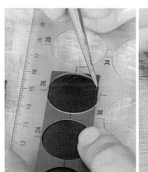

33 兩側劃出喜歡的弧線後裁切。弧線大小可自行決定。

34 先以削邊器處理提把正反面的毛邊，然後在背面塗上處理劑並以玻璃板打磨。

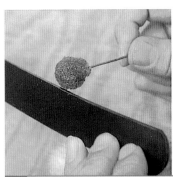

35 切面沾水並以菜瓜布打磨。也可以使用CMC或背面處理劑等既成品來處理。

36 重覆 **34** ～ **35** 作業，將提把與橫皮帶等共計4條皮帶處理完成。

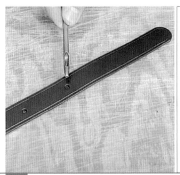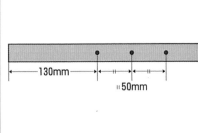

37 將邊線器調至3mm寬，在提把及橫皮帶劃上裝飾線條。也可以用手縫來裝飾。

38 在提把要穿入皮帶頭的位置打孔。孔的位置如右圖所示。第1孔的位置可以依照喜好或需求作調整。

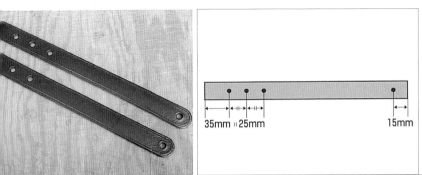

35mm 25mm 15mm

39 在橫皮帶打出原子釦的穿出孔。孔的位置如右圖所示。單面的1孔作為固定用。

40 利用長斬將橫皮帶上的孔切成淚型。

41 將作為拉鍊拉把的皮帶,在中央的左右各劃出10mm寬的切口。

42 將拉鍊拉把穿過切口,穿過2次後拉緊。寬皮帶是用於袋身,細皮帶則是用於內口袋。

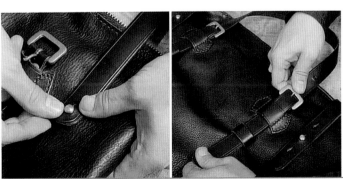

43 將橫皮帶釦入原子釦、提把穿入皮帶頭。剛開始處理時皮革較硬,原子釦可能會較難釦上。

44 完成提把與橫皮帶的裝置作業。將提把拉長即可成為側揹包。

尺寸圖

將此圖放大538%即為原尺寸。各數據僅供參考,仍應依選用皮革的厚度或材質作必要的調整。

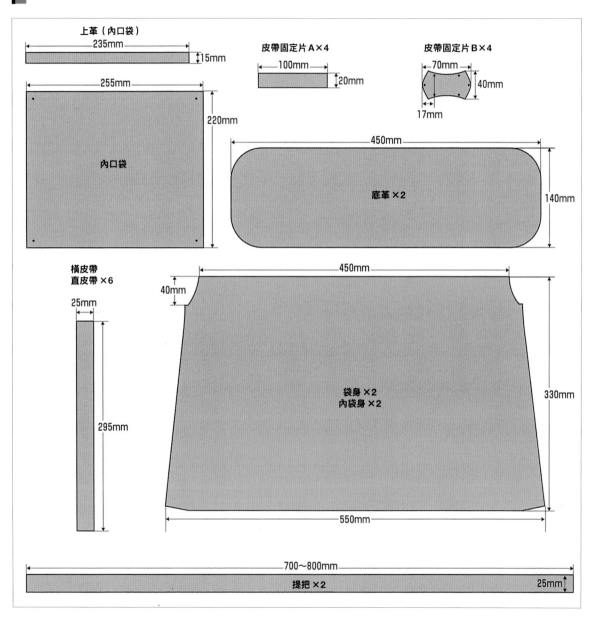

上革(內口袋)
235mm
15mm

皮帶固定片A×4
100mm
20mm

皮帶固定片B×4
70mm
40mm
17mm

255mm
220mm
內口袋

450mm
底革×2
140mm

橫皮帶
直皮帶×6
25mm
295mm

450mm
40mm
袋身×2
內袋身×2
330mm
550mm

700~800mm
提把×2
25mm

SPECIAL THANKS

從不受限於任何既定概念下的自由意識中誕生的設計創意

YUTAKA NAKAJIMA

中島 裕

熱愛騎乘哈雷機車時暢快感受的重機一族。然而，完全不受限於機車系的設計靈感，作品中常可見溫和柔性的創意與體貼。

停在店前稀有的義大利重型機車，映入眼簾的為手寫店名DARK END THE STREET。店內時尚的純白色調，從皮夾、皮帶、飾品到各式揹包等種類豐富的作品，洋溢著強烈原創元素，讓人目不暇給。

除了少數基本款設計外，多數是因應訂製者所製作的作品。特別是美髮工具皮套更是超人氣商品，也是店內最引以為傲的作品之一。此外，由於下北澤有為數眾多的livehouse，因此，廣受樂團、音樂人等歡迎的搖滾風作品也是店內的重要設計。運用皮革色彩多達30種以上，皮革種類、五金具等的搭配也非常講究。店內主要採用義大利Walpier公司出品的植物鞣革，以及負責人中島先生嚴選的多樣優質素材可供搭配選擇。除了這次示範製作的手提包款外，狗提籠、波士頓包、肩揹包等樣式繁多，連裏布的版型都可以依照顧客需求訂製。由於本次主題為手工縫製，因此特別以手縫作為示範，店內則通常以車縫為主。

1 骷體形狀的零錢包是最近的人氣商品 **2** 每件作都是獨一無二，充滿原創性 **3** 票夾、卡夾等小物類作品也非常豐富 **4** 店內招牌商品之一的美髮工具皮套。照片中的僅為一小部份，店內也常備多種材質皮革可供選擇

SHOP INFORMATION

DARK END OF THE STREET
日本東京都世田谷區北澤2-33-11 野崎大樓1F
Tel/Fax:03-3467-3767
URL http://deos55.exblog.jp/
營業時間:12:00～21:00
公休日 不定

WAIST BAG

腰包

經由縝密計算及複雜設計的
包款，適合具有上級皮革縫製技巧的
挑戰級作品。多項精密困難的作業程序，
必須有高度耐心才能完成。

展現細部完美計算之美的設計，藉以學習高級皮件的繁複製作方法

可以掛在腰際與肩揹的便利2way腰包。簡單外出時適用的小巧尺寸，有了這款腰包，皮夾、手機、煙等隨身物品不再擠滿口袋。皮革採用植物鞣革加工製作而成的軟皮，袋身背面則全部貼上豬榔皮作為防污內裏。除此之外，切邊不採用打磨的方式，而以滾邊或覆蓋等精細工法處理。零件數量多，需要謹慎並耐心地進行作業，才能順利完成作品。

①袋身（表·上）·裏革
②袋身（表·下）·裏革
③上側邊·裏革 ④覆蓋革 ⑤袋身（裏）·裏革×2 ⑥口袋蓋×2
⑦口袋側邊 ⑧口袋袋身 ⑨底邊·裏革 ⑩滾邊內芯 ⑪滾邊用皮 ⑫皮帶
⑬皮帶（袋身）⑭防拉條 ⑮拉鍊
⑯德式鉤 ⑰皮帶頭 ⑱固定釦

袋身的前置作業

縫上拉鍊，對齊上下袋身（表）。黏貼表・裏袋身的內裏，再以同樣程序作業。

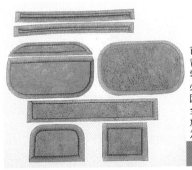

首先將袋身的各零件背面打薄。照片中的零件都是1.6mm厚，必須將所有零件的外圍斜削1/3的厚度。全部自行作業可能過於困難，可請業者代為事先處理。 **1**

接著打薄覆蓋革。這片皮革只有1mm厚，無法利用機器削薄，只能以手工作業。4邊的長邊都要削薄5mm寬、1/3厚。 **2**

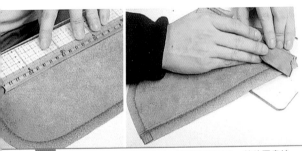

3 從袋身（表・下）的拉鍊口，用原子筆在20mm的位置畫線。為避免轉彎部份太厚，在照片右邊的紅色部份要削得更薄。

4 在 **3** 畫出的20mm寬內塗上橡皮膠，待其半乾後，在10mm的部份反摺，並以木槌輕敲打密合。

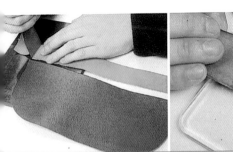

5 以 **2** 準備好的覆蓋革對齊袋身（表・下）的橫邊。對齊後將覆蓋革的兩側10mm寬處削薄。

6 在覆蓋革背面打薄的部份塗上橡皮膠。待其半乾後，對齊長邊黏合。

7 將袋身（表・下）摺入部份的光面與覆蓋革刮粗。兩者只刮粗從邊緣算起5mm的寬度。

8 刮粗部份塗上橡皮膠，待其半乾後將2片貼合。黏合時覆蓋革呈現R型部份要置於外側。

9 確認如左側照片的黏合狀態。貼合後以木槌腹部輕敲加強密合。

10 不從已黏貼好的覆蓋革算起，而是在距離袋身邊緣3mm的位置劃出縫線，再從兩側算起5mm的部份劃出短記號線。

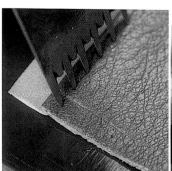

11 菱斬跨過 10 右側照片中劃出的線打孔。另一邊也要跨線打孔。

12 拉鍊長度從五金具的前端至尾端為225mm，兩端各留50mm左右的寬度。

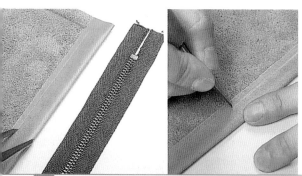

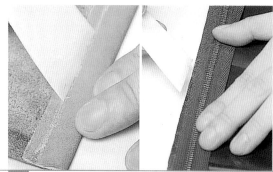

13 在距離袋身邊緣13mm的位置劃線，並刮粗光面。請材料店人員代為調整拉鍊所需長度較為方便使用。

14 光面刮粗的部份塗上橡皮膠，從拉鍊邊緣算起3mm的寬度處也塗上橡皮膠。

15 依照 13 劃出的線，將提把置於左側，兩端各留均等長度後黏合。

16 在距離覆蓋革邊緣2mm的位置以原子筆畫線，從這條線到距離拉鍊邊緣3mm的部份塗上橡皮膠。

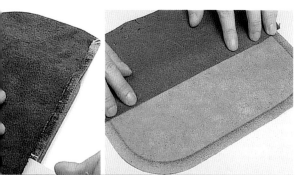

17 在作為內裏的豬槲皮背面，從邊緣算起10mm寬處塗上橡皮膠。與 16 畫好的線對齊，如照片右所示貼合。

18 將袋身翻面置於軟木墊上。以圓錐穿透 11 打好的縫孔，要確實貫穿至內層。

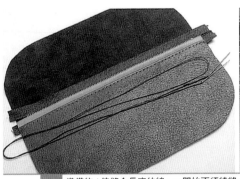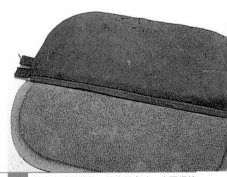

19 準備約4倍縫合長度的線，一開始不須繞縫，以平針縫縫合全體。

20 縫合完成的狀態。縫合結束時，也不須繞縫，留線剪短即可。

21 在袋身與內裏的邊緣，各塗上10mm寬的橡皮膠後黏合。這是只為了確認尺寸所作的假貼，沒有貼緊也沒關係。內裏多出的部份，依袋身尺寸裁切。

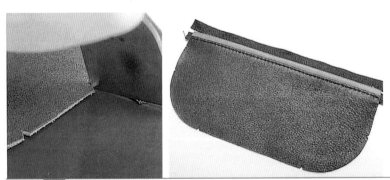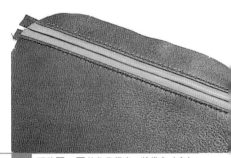

22 依照紙型上的記號，切出V字型切口。這樣能使R形轉彎更漂亮，也可作為側邊或滾邊縫時的記號。

23 照著 **3**～**22** 的作業程序，將袋身（表）的上半部也完成。

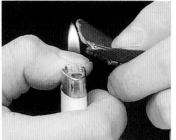

24 裁除拉鍊多餘的布頭，前端以打火機燒熔固定。拉鍊長度測量的詳細方法，參考P105～106、P126～128。

25 準備袋身（裏）與內裏。各在邊緣塗上10mm寬的橡皮膠。

26 待其半乾後貼合，如 **22** 右側照片，依照紙型的記號切出V字型切口。

27 袋身前置作業完成後的狀態。之後進行正面袋身的口袋裝置作業。

口袋的裝置

袋身正面裝置口袋。口袋蓋2片及內部1片，在背面將距離邊緣10mm寬處打薄。

1 首先將P140 **21** 黏合的皮革剝開。

2 將背面已打薄的口袋蓋上端邊角再削薄，從上端的外緣算起距離20mm位置以原子筆畫線。弧線部份以圓規畫出。

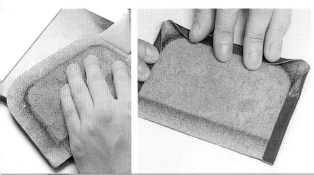

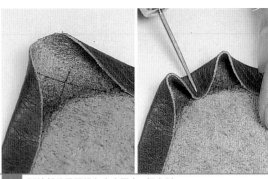

3 從邊緣到畫線的部份塗上橡皮膠。待其半乾後沿線摺入。先將3邊的直線部份摺入。

4 弧線部份用圓錐在中央壓出2個山型。

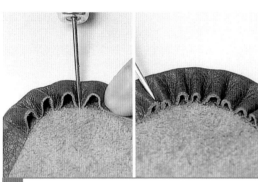

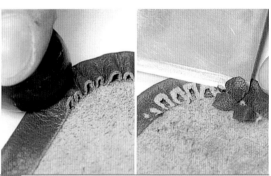

5 接著在2個山型的中央以圓錐再壓出4個山型，4個山型再壓出8個山型。

6 以木製修邊器將邊緣壓平，突出的山型部份以裁皮刀削平。最後以木槌敲打使其更為平整。

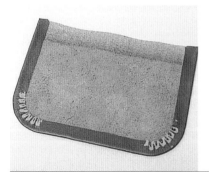

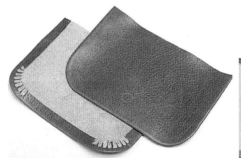

7 左右弧型同法處理，照片上為完成後狀態。上端不要摺入。

8 另一片口袋蓋也重覆 **2**～**6** 的作業程序製作。2片的前置作業完成後將摺入的光面刮粗。

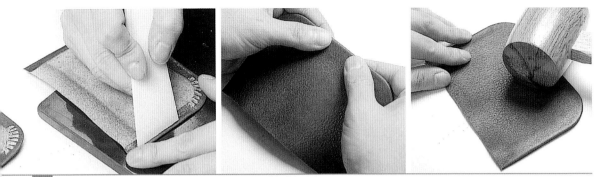

9 在2片的背面都塗上橡皮膠，待其半乾後黏合，並以木槌敲打密合。

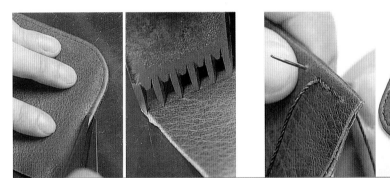

10 以3mm寬的邊線器在U字部位劃線，並以菱斬的1刃置於邊緣打孔。

11 開始縫時邊緣不需繞縫。右邊照片為完成後狀態，縫合完畢後也不需繞縫，直接固定。

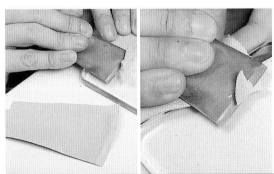

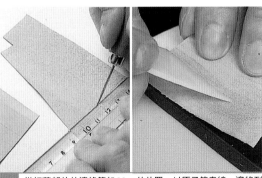

12 準備口袋側邊作業。從扇型展開的邊緣打薄5mm寬，直邊上比較短一邊的切角要削得更薄。

13 從打薄部位的邊緣算起20mm的位置，以原子筆畫線。邊緣到畫線的部份塗上橡皮膠。

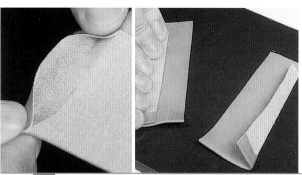  

14 對齊20mm的線將上端摺入。從兩端摺入壓平，中央部份也摺入壓平，如右邊照片摺出摺線。

15 打開摺好的皮革，在長方形的長邊邊緣15mm的位置劃線，並塗上橡皮膠。待其半乾後摺入貼合。

 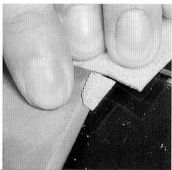 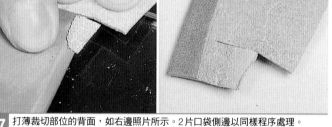

16 如 **14** 右邊的照片再摺一次，依皮革重疊的邊緣將下方的皮革裁切。

17 打薄裁切部位的背面，如右邊照片所示。2片口袋側邊以同樣程序處理。

 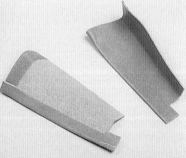 

18 將 **17** 削薄部份塗上橡皮膠，摺入貼合。2片以同樣程序處理，如右邊照片所示。

19 準備口袋袋身作業。從長邊邊緣算起20mm的位置以原子筆畫線。

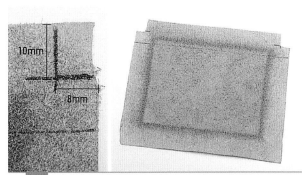

20 對齊線後切除邊緣的角。在橫10mm、直8mm處畫線，左右角同樣切除。

21 在20mm線內塗上橡皮膠，依線摺入貼合。以木槌敲打密合。

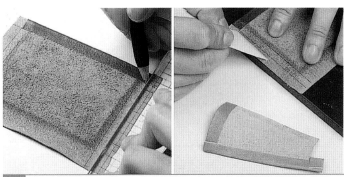

22 從左右邊緣算起8mm與12mm的位置畫線，在12mm的線至邊緣部份塗上橡皮膠。口袋側邊的短邊，從邊緣到3mm的線內塗上橡皮膠。

23 黏合口袋袋身與口袋側邊。參考照片將兩邊貼合。

24 在口袋側邊的光面6mm寬處劃線。刮粗此部份並塗上橡皮膠，沿著記號線將口袋袋身的邊緣摺入。

25 翻回正面，以3mm寬的間距規劃線，將菱斬的一刃置於邊緣打孔。

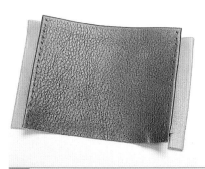

26 兩側均打好縫孔。注意左右縫孔不可歪斜。

27 口袋開口的邊緣，需繞縫2圈後再開始縫合。縫合結束時不需繞縫，在最後1針時回針縫在背面剪線並固定。左右兩側也以同樣程序作業。

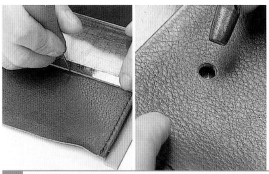

28 在口袋開口處的邊緣算起30mm處，測量出左右的中心位置，以圓錐作記號。依記號以7mm的圓斬打孔。

29 裝置壓釦。將突起部份插出光面，以專用工具在背面將壓釦鎖好固定。

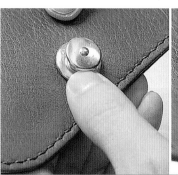
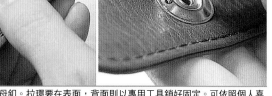

30 在口袋蓋上，依照紙型從邊緣算起20mm的位置，以8.5mm的圓斬打孔。

31 裝置壓釦的母釦。拉環要在表面，背面則以專用工具鎖好固定。可依照個人喜好選擇不同款式的壓釦。

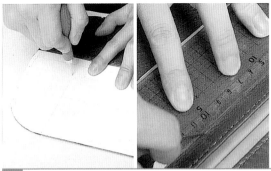

32 墊上袋身（表‧下）的紙型。對齊中央的2個印記，以圓錐刺入光面作記號，並以圓錐劃出連結2個記號點的線。

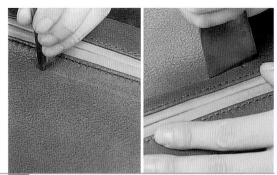

33 在劃線的兩側以2mm的圓斬打孔。並以裁皮刀切出連結2孔的直線。

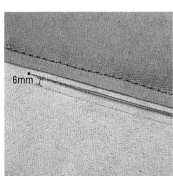

34 翻至背面，從 **33** 的切口在朝底部6mm的位置劃線。將這條線切入，在黏合口袋蓋的部份塗上橡皮膠黏合。

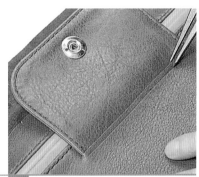

35 從光面切口朝底部3mm的位置，如口袋蓋同樣的寬度劃線。

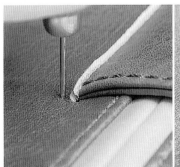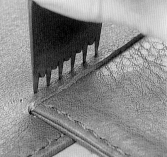

36 先用圓錐在兩端刺孔，再以菱斬沿著下層皮革邊緣打孔。菱斬要在圓錐兩端刺孔之間打孔。

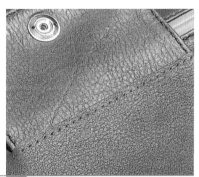

37 如照片所示，縫孔要打在背面口袋蓋重疊的邊緣位置。

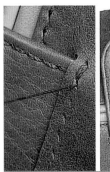
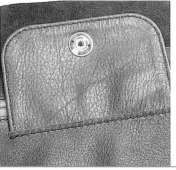

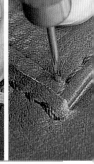

38 第1針以回針縫開始縫合，將所有縫孔縫合。最後也以回針收尾，在背面剪線固定。

39 將口袋蓋插入切口後，在上方3mm處劃線。線的兩側不要與邊緣縫線重疊，以圓錐打孔。

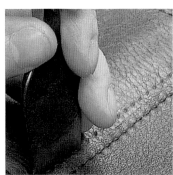
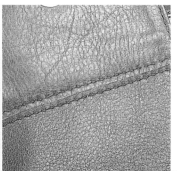

40 在 39 劃出的線上打孔，開始與最後的縫合以回針縫。最後在背面剪線固定。

41 將 36 圓錐打出的孔與袋身下方V字型切口的前端劃線連結。

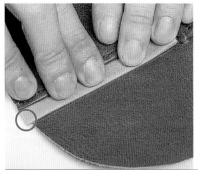

42 刮粗線的內側4mm寬並塗上橡皮膠，貼合口袋。下部比袋身突出也沒有關係。

43 在口袋側邊的邊緣以3mm寬的間距規劃線，在線的延長方向的袋身以圓斬打孔。開始的部份皮革很厚，可以先用菱斬打孔。

44 以菱斬全部打孔。下部打孔至袋身算起約5mm的位置為止。兩邊都打好孔之後，在開始和最後都以回針縫縫紉，在背面剪線固定。

45 袋身正面部份完成。最後再依P140的作業程序，再一次貼上裏革。

縫製滾邊

縫製2片袋身上的滾邊。以軟單寧皮來包覆市售的滾邊芯，再用黏膠與袋身貼合。

1 將滾邊用皮革的背面全部塗上橡皮膠。待其半乾後夾入滾邊芯後黏合。

2 以木製修邊器壓出滾邊芯的圓管形狀。

 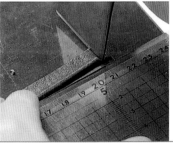

3 從前端算起距離65、87、35、87、130、87、35、87mm的位置切出V字型。從距離最後切口65mm處切斷。

4 在V字間87mm的R形邊緣上切出3～5mm寬的切口。

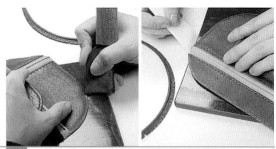

5 用與滾邊皮相同的皮革切出20mm的四方形，在背面塗上橡皮膠，包住滾邊的接頭處黏合。

6 在袋身周圍以5mm寬的間距規劃線，將線到外側的光面刮粗並塗上黏膠。滾邊也塗上橡皮膠。

7 將接頭置於下方，對齊V字切口貼合。

8 利用木製修邊器將邊緣壓平以確實黏合。袋身內側也同樣處理，完成後如右側照片。這部份作業需要高度耐心與毅力，請小心謹慎操作。

側邊的前置作業

上側邊的說明內容與「袋身的前置作業」大致相同。只有拉鍊長度有所差異，請特別留意。

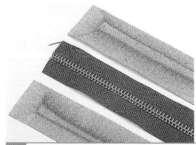

1 上側邊的皮革，背面削薄面積較寬處是與拉鍊貼合的部份。

2 參考P137～141，從 **3** ～ **27** 的作業程序。拉鍊長度包括五金具為335mm，採用的是分離式拉鍊。

POINT

1 掛上拉鍊頭　**2** 將拉鍊左右拉開讓拉鍊頭拉入　**3・4** 將2個拉鍊頭逆向拉合即可

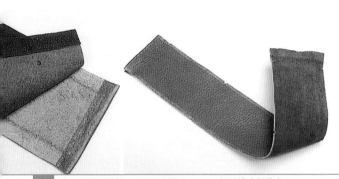

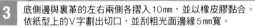

3 底側邊與裏革的左右兩側各摺入10mm，並以橡膠黏合。
依紙型上的V字劃出切口，並刮粗光面邊緣5mm寬。

4 在底側邊兩側各劃出3mm寬縫線，並將菱斬的第一刃置於邊緣打孔。

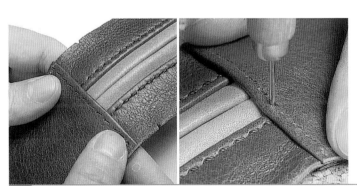

5 將在 **3** 黏合的底側邊與裏革前端稍微剝開，將上側邊夾入約10mm後再貼合。
以圓錐穿入 **4** 打出的縫孔，在上側邊作出縫孔。

6 邊緣不需繞縫，兩側邊縫合後狀態如照片所示。

151

皮帶零件的前置作業

皮帶與袋身皮帶的準備作業。五金具的裝置與打孔則在完成全部的縫合作業後再進行。

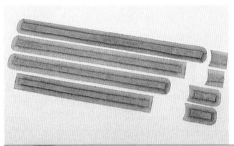

1 各項零件均從邊緣打薄20mm寬。
無法手工作業者可請業者代為處理。

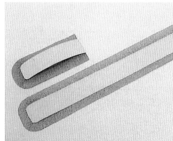

2 裁切符合各零件尺寸的防拉片，以原子筆在距離外圍10mm的位置畫線。此處以最長的皮帶為例作示範說明。

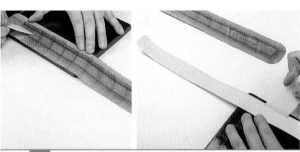

3 將背面及防拉片全部塗上橡皮膠，待其半乾後，對齊背面畫好的線將防拉片貼上。

4 貼合後，在距離邊緣20mm的位置畫線，在線與邊緣間塗上橡皮膠，待其半乾後對準線摺入。

5 首先摺入長邊。弧線部份先以圓錐在中央壓出2個山型，再以同樣方式壓出8個山型。以木製修邊器壓平邊緣，突出的部份則以裁皮刀削薄。

6 沒有弧線的短邊，只將長邊摺入，如右邊照片將邊角稍微斜切。

7 在較長皮帶前端算起45mm的位置劃線。

8 刮粗光面後塗上橡皮膠，對齊記號線貼合。並以木槌敲打密合。

9 較長皮帶置於上方，以間距規劃出3mm寬的線。並以圓錐在短皮帶的邊緣打孔。

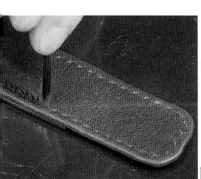

10 將 **9** 劃出的記號與孔重疊，以菱斬將全體打好縫孔。打好孔後用固定夾固定並縫合2片皮革。

11 另一邊的短皮帶也在兩側各45mm處縫合成可以拉長的狀態。

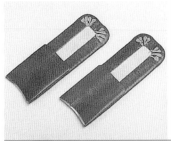

12 袋身上的皮帶也同樣地處理，完成後如左邊照片所示。整圈打好孔後，縫合2片皮革。

13 左邊是縫合後的狀態。邊緣不須繞縫。接著鑿出縫合袋身的孔。第一刀打在邊緣，鑿打5個縫孔。

整體的縫製

將所有準備好的零件縫合。到最後一個步驟都要小心作業處理。

首先縫合袋身裏面與側邊。滾邊邊緣與側邊邊緣在從前端算起4mm的寬度內塗上橡皮膠。

1

待橡皮膠至半乾，對齊V字切口，黏合2片零件。

2

POINT

將袋身裏面與側邊對準袋身旁邊的V字，並縫合袋身上的皮帶。

3 以邊線器劃出5mm寬記號線。豬榔皮不容易看清楚記號線，可以一邊以圓錐刺出孔的位置，一邊以菱斬鑿孔。依左側POINT的說明以切口作為基點來打孔。

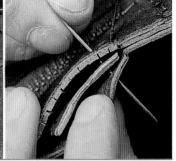

4 全周打好孔後，從袋身底部的中心開始縫合。準備約4倍縫合距離長度的線。

5 縫至裝置袋身上皮帶的位置，先將黏膠剝除夾入皮帶。一針一針確認縫孔後縫合。

6 將皮帶與袋身和R形成逆向夾入。將對面的R形壓平縫合。

7 袋身裡面與側邊縫合後的狀態。袋身上的皮帶在翻到裏面時，袋身和R形會呈現吻合的情況。

8 袋身的表面還要再貼合一片裏革。全周邊緣塗上橡皮膠，對齊V字切口後確實黏合。

9 同樣地打好縫孔，覆蓋表面的部份要打出跨縫的孔。

10 縫合袋身表面與側邊，翻面後即完成袋身作業。翻面時注意指甲不要刮傷光面，使其完美成型。

11 接著在袋身皮帶上打孔。參考照片中的記號，以圓斬打孔。

12 穿入五金具後摺彎皮帶，以圓錐刺至下方皮革。再度打開皮帶，在同樣位置以圓斬打孔。全部以3mm圓斬打孔。

13 插入固定釦，以圓凹斬固定。固定釦的平面朝向內側。

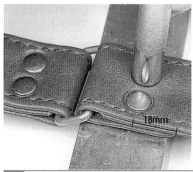

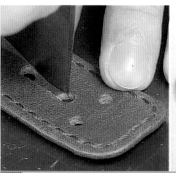

14 在短皮帶自前端算起18mm的位置打孔，將同樣的五金具穿入後以固定釦固定。

15 短皮帶對側加上裝置固定釦的孔，從前端算起26mm與48mm的位置上作記號打孔，並劃出橢圓狀連結釦孔。裝上皮帶頭後以固定釦固定。

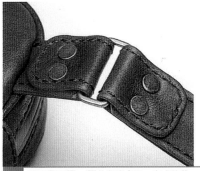

16 將皮帶以 ⑪～⑭ 的程序處理，完成後狀態如照片所示。

17 從長皮帶的前端算起130mm的位置打1個孔，在對側的115、145、175、205、235mm等位置打孔。皮帶的尺寸依照個人體型作調整。

18 製作皮帶固定片。準備寬40mm、長100mm以上的皮革，摺成3等份貼合，依皮帶尺寸調整長度。

19 長度決定後加以裁切。夾入薄金屬片作為緩衝墊材後以固定片繞圈固定。整圈用縫合的方式也可以。

20 最後使用適當的皮革作為拉鍊拉把。也可以自行選擇喜歡的五金具作搭配。

21 理想尺寸的腰包大功告成。皮革、裏革的顏色，以及五金具的種類都可依個人喜好自由調整變化。

尺寸圖

將圖放大500%即為原尺寸。數據僅供參考，需依皮革厚度及材質作調整。

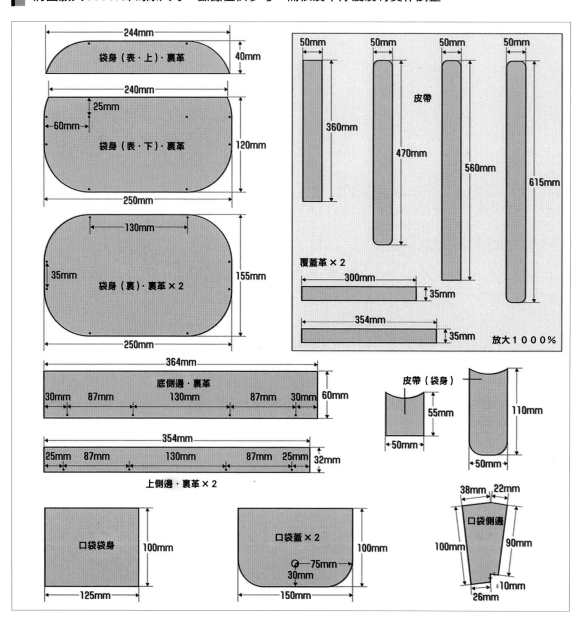

244mm
袋身（表·上）·裏革
40mm

240mm
25mm
60mm
袋身（表·下）·裏革
120mm
250mm

130mm
35mm
袋身（裏）·裏革×2
155mm
250mm

364mm
底側邊·裏革
30mm 87mm 130mm 87mm 30mm 60mm

354mm
25mm 87mm 130mm 87mm 25mm 32mm
上側邊·裏革×2

口袋袋身
100mm
125mm

口袋蓋×2
100mm
75mm
30mm
150mm

50mm 50mm 50mm 50mm
皮帶
360mm
470mm
560mm
615mm

覆蓋革×2
300mm
35mm

354mm
35mm
放大1000%

皮帶（袋身）
55mm
50mm
110mm
50mm

38mm 22mm
口袋側邊
100mm
90mm
10mm
26mm

SPECIAL THANKS

專業皮革職人以全心全意打造出光彩奪目的巧匠風采

TAKATOSHI SANO

佐野　喬俊
從小就身受手工製作魅
力的吸引，2001年以20
代的年輕資歷創業。9
年來發表多數令人驚豔
的優秀作品。

日本靜岡縣富士市的STOTCH PET是縣內少數的手工皮革工房。從新富士站步行1分鐘，開車則由東名高速公路富士下交流道，背向富士山南下約10分鐘即可到達。

負責人佐野先生從小就對木工極感興趣，學生時代正式投入皮革工藝世界。除了自行創作品外，也接受顧客訂製。例如這次示範作品中的軟皮提包、肩揹包，到使用雕刻皮完成的機車系皮夾、書包、公事包等，都是店內自豪的商品。依顧客要求，甚至連沙發或機車座墊、汽車方向盤皮套的更新也能一手包辦。其中最拿手的則是煙草或樂器等必須依其形狀決定的特殊專用品的製作。結合使用性、便利性，考驗著製作者的技術，也成為店內最令人期待的特色。

全力投入皮革工藝的佐野先生，在專業的領域中從不妥協，堅持所有切、縫、收的細節處理，充分展現專業職人的堅定意志。更令人佩服的則是所有技巧大多自學而來。目前作品僅於店內展售，並無網路販賣，店內也提供至今完成作品的照片，因此，務必前往店內欣賞佐野先生的精緻細工之美。

除了客製商品外，店內也陳列多項作品。從隨身小物到大型包款等，處處可見佐野先生對皮革的堅持。整齊的擺設可以感受佐野先生對機車、自行車等結構式美感的喜愛，也讓顧客獲得另一種視覺享受。

SHOP INFORMATION

STOTCH PET
日本靜岡縣富士市柳島309　Tel:0545-65-2807
URL http://www.stotchpet.net　e-mail info@stotchpet.net
營業時間　13:00～19:00　公休日:星期日、一

印地安皮革創意工場
LEATHER CRAFT

INDIAN ®

皮革
教學
半成品
工具
染料
工藝書籍
五金
皮肩帶類
進口商品

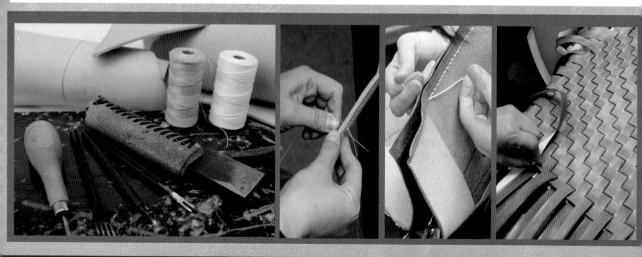

Hand Made

手縫皮革文具
18.2×21cm　176頁
定價320元　彩色

皮革具有相當程度的韌性，同時也具有高度的可塑性。不同種類的皮革，還會呈現不同的風格與特色。將皮革的這些特性運用到文具的製作上，就能夠展現各種不同的趣味性。典雅的書皮封套、書桌的配角筆筒、紳士風格的名片夾、人手一張的證件套…等。各個作品充滿個性的又深具獨特魅力，即使非專業人士也可以動手嘗試，一起來體驗皮革工藝的製作樂趣吧！

愛上皮革小物
18.2×21cm　176頁
定價320元　彩色

皮革自古以來，在人類的生活當中就不曾缺席。不論是衣著服飾、還是生活用品，皮革給人的感覺不外乎是高雅、沉穩又兼具質感。本書以平易近人的說明方式，帶領讀者親自感受創作皮革製品的箇中樂趣。不論是不需縫製的繩編手環；手縫製作的皮套、短夾、鑰匙包；還是車縫的束口包、相機皮套…等。想在日常生活中增添皮革製品的樂趣、還是想要學習專業的皮革工藝技法，本書都能滿足不同讀者朋友的各種需求！

皮件保養&修護
18.2×21cm　128頁
定價320元　彩色

本書除了讓你了解各種皮件的特性與保養方式，還另外教導讀者做簡易的皮件修護與處理，針對不同的皮件特性做詳細的介紹與維修方法，讓你一方面對自身的皮件特性有更深一層的認識，也知道如何保養與維護自己心愛的皮件或皮飾。皮件只要保養得宜，用的長久絕對沒有問題。跟著各位老師來學習如何保養與修護皮革製品吧！

手縫皮革包
Lesson 1,2
18.8×25.7cm　96頁
定價350元　彩色

本書收錄各種人氣款式，從收納方便的大型肩背包，到帥氣有型的扁包，以及針頭明顯的粗獷款式，和留下皺褶紋路的雅致女用包，還有用零碎布塊就可以製作的可愛零錢包……一共有**37**款，書中依照製作難易度分成「初級」、「中級」、「上級」**3**種等級，讀者可以依照自己的能力去選擇範例。

皮包目錄

本單元介紹由優秀皮革工房製作的皮件。除了可明顯看出製作者的不同性格外，也能提供學習者在製作時的設計參考。購買喜愛的作品加以研究其構造，也是學習達人技術的方法。專業作品絕對是技巧提升的最佳媒介。

SHOP LIST

田中皮包	Tel:048-999-7911	http://www.milkystone.com/
革工房 CRAFT #623	Tel:0966-38-7632	http://seity.3.pro.tok2.com/
Guilty Leather Factory	Tel:0973-72-6679	http://www.guilty-lf.jp/
Scorpion Leatherworks	Tel:090-7057-5389	http://www.geocities.jp/scorpion_leatherworks/
DARK END OF THE STREET（DEOS）	Tel:03-3467-3767	http://deos55.exblog.jp/
Parley	Tel:03-3920-3850	http://www.parley.co.jp/
Handmade Leather Craft Cottage	Tel:0276-72-8083	http://www.cottage-workplace.com/
Filly	Tel:0422-49-5127	http://www.filly-leathers.com/
Herz	Tel:03-3406-1510	http://www.leatherbag.co.jp/
minca	Tel:03-3870-9314	http://www.minca-handmade.com/

注意事項 WARNING

■本書的內容，是以期待讀者可以熟悉皮革製作的知識、作業與技術所編輯而成，但作業成功與否以及操作時的安全問題，主要還是必須仰賴作業者個人的技術及專注程度來決定。因此，即使以本書的內容為製作準則，還是無法保證一切作業的結果。此外，讀者在製作的時候，請特別注意自身的安全，並盡量參照書中所刊載的作法進行，以避免任何風險及意外的發生。

■書中刊載的工具為製作者的習慣用品，可能會有無法購得的情況。且本書收錄的皮革製作材料、工具販售的資訊，為日本地區的資料，並不適用於台灣本地，僅供讀者參考。讀者若有任何關於工具的疑問，還請自行到專賣店詢問。

■刊載照片及產品內容可能與實品有所出入。

■書內刊載紙型或圖案均為原創設計。僅限於個人使用。

HAND BAG
手提包

在此介紹商務人士不可缺少的公事包、休閒托特包及旅行用波士頓包等，以手拿為主的手提包。而支撐整個提包重量的提把部份，除了堅固耐用以外，隨著使用時間會越用越好拿。另外視用途而異所做得設計上的差別也請不要錯過。

寵物提包
攜帶愛犬搭乘電車或外出時使用的方便寵物提包。此款為客訂商品，可依照愛犬體型量身訂作。

油感牛皮醫生包
取自以前醫師所使用的提包為靈感的復古手縫包。開口大，使用方便。42×23×12 cm

C-68-SM 2way袋口提包
使用高彈性柔軟皮革製作，不論休閒或公事均適用。袋口大，收拿物品方便。

油感牛皮托特包
歷久不衰的公事包款。經年使用更能散發其風格魅力。44×38×12 cm

公事包/肩揹包（手縫）
內層以羊皮製作的高級公事包。不使用拉鍊，內側以皮帶固定。44×33×10 cm

直型軟皮托特包
皮帶可調整為側揹或斜揹的2way包。袋口使用牛仔釦固定。35×40×8 cm

B-13 2way 肩揹包

大量使用厚皮革製作的高機能性包款。沒有多餘的裝飾,充份展現 Herz 極簡風格的作品。照片中為 M 尺寸,另可訂製 S~XL 尺寸。

手提包

超越時代的經典公事包款。適用於各季節搭配,一生一定要有一個的必備品。

J-20-M 2way 手提公事包

盤面部份的提把以 3.5mm 厚的皮革製作,凸顯厚重質感。可收納筆電等重物,底部以 2 層皮革製作,並以「底板」補強提高負重力。

小牛皮手提包

袋口為拉鍊設計,內容量為 B4 尺寸的提包。內為全皮製作,可依顧客需求調整尺寸。

B-16 A4 尺寸 2way 提包

深具古典風情的皮帶設計,外加強烈特徵的立體口袋。兩側附有帶鉤,可裝置肩揹帶。

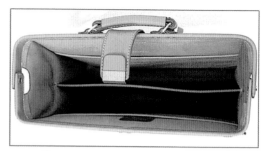

J-2-M 醫生包

雙層側邊構造，實用性高。適合各年齡、職業使用的萬用包款。

B-105 3way直型提包

後揹、肩揹、托特3way的A4尺寸直型提包。粗線縫增加存在感及強烈個人風格。

油感牛皮書包（手縫）

內側也以光面皮革搭配的頂級式樣。以皮包極少使用的鉤款作為固定五金具，開合方便。
40x28x7 cm

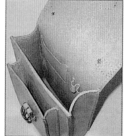

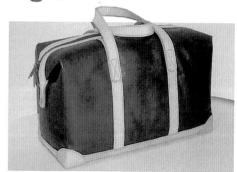

直型提包（手縫）

看似由一張皮革完成，實際則由薄皮革上黏貼薄床革而成，充份展現專業級技巧。側邊寬厚、使用方便。

波士頓包（手縫）

利用鞍皮與鉻鞣革手縫製作。拉鍊可拉至兩側，行李多時也可拉成托特包型使用。

C-103-4 廣口波士頓包

每個皮革愛好者一生至少要擁有一件的經典波士頓包。廣口設計讓物品收拿更為方便,旅行時忙碌的早晨也能輕鬆應付。愈用愈能散發皮革質感,可以陪伴品味旅行滋味的旅行包。

旅行包

巴洛克風的配色與線條,以海底旅行作為靈感發想的波士頓包。袋身雙層設計讓旅行用品更能妥善收納。

手提包

長提把設計也可作為肩揹包,內層附有放置卡片的收納袋。袋口以長皮帶覆式固定。

托特包橫型 (軟)

可收納 B4 尺寸的極簡式托特包。提把接頭部份以麻線手縫,加強耐重力。

手提包

袋口以巧克力色滾邊裝飾。提把以捲覆式縫製,除展現時尚風格外,更提升其耐久性。

手提包

拼貼風的皮包,打開固定皮帶即成桶狀,袋口以原子釦固定,容量大、使用方便。

167

油膩牛皮托特包

使用極粗縫線手縫而成的堅固托特包。在提把的中央縫有一條裝飾縫線，為本作品的視覺焦點。

羊皮托特＆肩揹包

使用少見的澀躟羊皮製作。因為皮革厚度達2mm所以堅固耐用，澀躟皮會隨著使用時間增加逐漸變成成更引人注目的皮件。

托特包

擁有美麗方正外型的長型托特包。提把內芯使用圓皮繩，與袋身縫合處以植物染麻繩牢固地縫合。可收納至B4大小。

軟牛皮肩揹＆手提包

附拉鍊的高實用性皮包。除了可手提以外，還附有肩揹用的揹帶。另外，可收納至袋身內的滑動式提把為本包款的特色設計。

托特包（軟）

使用皺皮製作，風格沉穩的托特包。內袋部分使用麂皮，是連細部都不馬虎的作品。

對開式肩揹包

這個皮包從外表看起來沒有什麼特別之處，但其實是可以將袋身左右攤開的嶄新設計。
34×30cm

SHOULDER BAG
肩揹包

不論側揹或斜揹，最貼近身體的揹帶具有舉足輕重的地位。柔軟舒適或是持久耐用，各有所好。剛開始使用時也許會感覺皮帶太硬，優質的皮革會在使用之後日漸柔軟，並且依使用者身形給予適當的觸感。

肩揹包
依物品數量可調整寬度的優質作品。放置物較少時，可如照片所示，以固定釦調整皮帶。

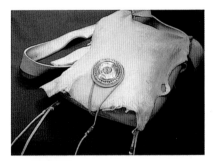

煙燻鹿皮
採用煙燻白色鹿皮所產生黃茶色變化皮革製作的手工逸品。直徑8㎝的大型飾釦是不輸皮革的搶眼設計。28×27×7㎝

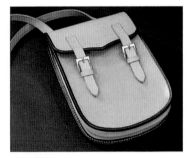

鞍皮肩揹包
鞍皮袋身飾以黑色滾邊的獨特作品。耐看的線條可適用於各種場合搭配。26×18×7㎝

油感牛皮方型揹包
放置皮夾、手機、相機等隨身小物，簡單外出時的方便揹包。B5尺寸，適合假日的散步時使用。

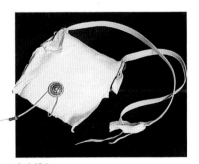

鹿皮揹包
活用鹿皮柔軟特質的手縫個性包款。飾釦使用Filly特製釦款。

油感牛皮肩揹包
專為漫畫家設計，可容納畫紙的客製品。愈用愈能散發油感皮革的特殊風味。

肩揹包 裂紋皮
加工時，職人以刀片在表面刮出紋路所製作出的特殊皮革。側面的縫合手法能增加整體的率性。

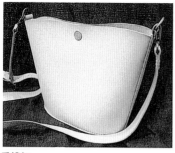

肩揹包

高雅柔和色澤與線條融合出的優雅揹包。極簡造型兼具實用性,袋口則以磁釦固定。

C-96-M
2way肩揹包

主拉鍊採雙開式,可以直接拉至側邊。多種口袋與活動鉤設計,滿足使用者的好奇心與童心。

C-124 外翻式
肩揹包

看似簡單的基本設計,實際則為雙面使用的特殊樣式。內層的4條拉鍊可隨時變換功能與造型。內外皮革共有5色可供選擇。

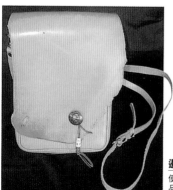

邊皮肩揹包(手縫)

使用鞍皮邊皮製作的個性作品。標準尺寸則另附可作為腰包使用的皮帶。16×22×4cm

肩揹包

沒有任何綴飾的簡單造型,卻具備所有肩揹包必備的要素。猶如童話故事中人物揹的包包,充滿懷舊風情的一款揹包。

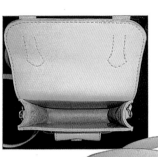

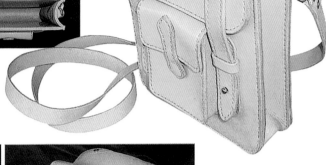

鞍皮肩揹包（手縫）

內裏也使用鞍皮縫製的奢華肩揹包。

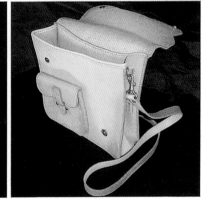

肩揹包

以馬鞍造型為設計靈感的肩揹包。看似由整面皮革製成，實際是以薄革上黏貼薄床革而成，深具質感的作品。26×26×6 cm

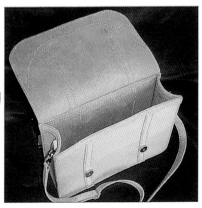

肩揹包

由一整張皮革製作的肩揹包。正面的固定皮帶下是更方便使用的磁釦。26×20×28 cm

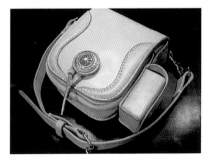

肩揹醫生包

使用 2 mm～3 mm 的強韌鞍皮製作。騎乘機車、平日外出都非常適合的隨身包包。

肩揹包（手縫）
表面、內裏均使用鞍皮手工縫製的優
質包款。袋口以開闔方便的固定釦來
固定。

直型手拿肩揹包
外側有開閉容易的口袋，內層則有卡
片匣及筆套，每一部份都極為精緻。
可接受客製。20x26x5 cm

肩揹包（軟）
在容易產生負擔的肩揹帶上特別以手工縫加強
耐用度。36x28x11 cm

肩揹包
利用皮革邊端作為覆蓋袋口的部份，藉以展現
自然帥氣。因為使用軟皮製作，可以更服貼身
型，不防礙身體活動。

肩揹包
使用義大利原產的植物鞣革。中央以鱷魚皮壓
紋革以及鹿角裝飾，更增添野性美感。

OTHERS
其他包款

此處介紹其他尺寸樣式的特殊作品。更多樣的材質運用與自由的創意發想，以及令人大開眼界的加工方式，讓人重新感受皮革工藝的深奧。藉由這些包款，希望能激發更多擺脫既定印象的藝術創意。

腰包
別具風格的側邊蜘蛛裝飾，可依照顧客要求加上喜歡圖樣。內層則為鑽石圖案的裏布。

機車包 大
簡單線條，除了是絕佳古董車配件外，也適用於各類機車造型。風雨吹拂下更增添無比風情。

機車包（照片中為同型肩揹款）
袋蓋內層也使用皮革製作，袋身可放地圖資料。袋身設計不變，也可更改製作成機車包。

機車包 小
輕型機車或街頭騎乘時適用的小型機車包。雖然是以機車用為設計主體，用於自行車也是出色的配件。

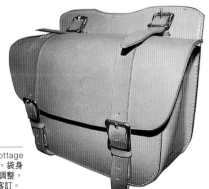

機車包
皮革工藝名店Cottage的經典機車包款。袋身上方的皮帶可作調整。尺寸大小可接受客訂。

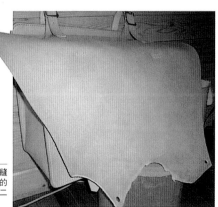

機車包
上蓋以皮革原形直接縫製，洋溢著不羈野性的風革機車包。獨一無二的造型深受喜愛。

機車包

使用手染黑色皮革，袋蓋部份則以相同材質的皮繩編縫裝飾。取下固定皮帶，也可作為手提包。

Guilty Flame GF-WB（CB×菱紋皮）

內裏採用全皮製作，以活動鉤作為皮帶固定。可由固定釦調整大小。
13×28×8cm

B-107　2way腰肩包

袋蓋與袋身均使用厚質植物鞣皮，橫側邊考量到收納容量，特別使用柔軟皮革製作。不同材質的皮革，搭配出更具立體感的空間，也大幅提升收納力，為高機能性包款。

皺皮隨身袋

皮帶長達75～110cm，可自由調整為腰包或斜揹包。收納長夾、手機、煙、打火機都沒問題。

皺皮腰包

內層有口袋，足夠容量長夾的的高收納力。可掛於腰際，也可作為斜揹的方便小袋。

鼓棒盒

中央以針珠魚裝飾，充滿成熟品味的作品。也可作為肩揹包使用，非樂團系人士也極為推薦。

黑管盒

可輕巧攜帶樂器的黑管盒。利用拉鍊開闔，側邊口袋設計。也可作為肩揹使用。

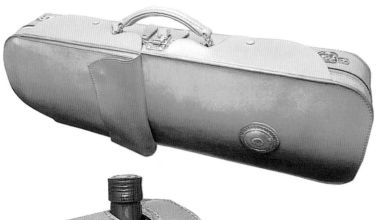

小提琴盒

內層全皮縫製的豪華作品。外側附有大口袋，並以銀釦裝飾。可依照使用需求設計製作。

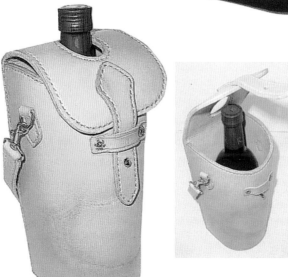

紅酒袋

也可依客訂作成容納2瓶的尺寸。有了這個紅酒袋，無論任何場所必然成為眾人的目光焦點。

TITLE

手縫男仕皮革包

STAFF

出版	三悅文化圖書事業有限公司
編輯	高橋矩彥
譯者	趙琪芸

總編輯	郭湘齡
責任編輯	王瓊苹
文字編輯	闕韻哲
美術編輯	李宜靜
排版	執筆者設計工作室
製版	明宏彩色照相製版股份有限公司
印刷	皇甫彩藝印刷股份有限公司

代理發行	瑞昇文化事業股份有限公司
地址	新北市中和區景平路464巷2弄1-4號
電話	(02)2945-3191
傳真	(02)2945-3190
網址	www.rising-books.com.tw
e-Mail	resing@ms34.hinet.net

劃撥帳號	19598343
戶名	瑞昇文化事業股份有限公司

本版日期	2014年4月
定價	320元

國家圖書館出版品預行編目資料

手縫男仕皮革包 ／
高橋矩彥編輯；趙琪芸譯.
-- 初版. -- 新北市：三悅文化圖書，2011.04
176面；18.2×21公分

ISBN 978-986-6180-38-5 (平裝)

1.皮革　2.手工藝

426.65　　　　　　　　　100004700